Bernd Heepmann

technik für dich

Digitale ICs

entscheiden – speichern – rechnen

74 Versuche
zum Einstieg in die Computer-Technik

Cornelsen

Inhaltsverzeichnis

Außerdem findest du:

Der Boss

Der Boss ...
... bekommt ständig die neuesten Daten,
er sortiert sie, vergleicht, prüft und bewertet ...
Der Boss informiert sich rund um die Uhr. Seine Ohren und Augen sind überall im Betrieb. Er muß alles wissen, vieles bedenken.

Seit Monaten hatte er keinen Urlaub, er gönnt sich persönlich nichts. Er wirkt sehr seriös, wie er so ruhig dasitzt in seiner Lieblingsfarbe schwarz. Er raucht nicht, trinkt nicht, träumt nicht. Er hat immer nur seine Aufgaben im Kopf. Nichts darf ihn ablenken. Auch wenn sein Herz rasend schnell klopft, sein Kopf bleibt cool.

Der Boss leitet nämlich ein großes Elektrizitätswerk, und er überwacht und regelt alles optimal. Wenn er es für notwendig hält, dann wird der ganze Laden abgeschaltet. Blitzschnell.

Der Boss kommt aus Süddeutschland, seine Vorfahren stammen aus den USA. Der Boss ist übrigens ein Professor.

Sorry, das war ein Tippfehler. Der große Boss ist natürlich gar kein Professor, der Boss ist ein Prozessor. Der Boss ist ganz klein – nicht nur mini, sondern mikro. Eben ein Mikroprozessor: winzig und unscheinbar, aber superschnell, innen Technik der Spitzenklasse und außen schwarzer Kunststoff, etwas Glanz nur an den Beinchen, vielleicht schon mal vergoldet ...

Der Boss hat auch einen Namen. Er heißt aber bestimmt nicht Hugo, sondern vielleicht 80486 oder 68040.

Der Boss, das hast du längst bemerkt, ist die Zentrale mitten in der großen Rechenanlage des Kraftwerks. Alle Daten des Betriebs laufen hier zusammen. Immer wieder vergleicht der Rechner die neuen Daten mit den vorgegebenen Fragen, zum Beispiel:

... Ventile geöffnet? – *ja/nein*
... Dampfdruck zu hoch? – *ja/nein*
... Dampftemperatur zu hoch? – *ja/nein*
... Brennstäbe zu alt? – *ja/nein*
... Notkühlung einsatzbereit? – *ja/nein*

Alle Fragen sind so formuliert, daß die Antwort für den Rechner nur *ja* oder *nein* heißen kann. Natürlich müssen die Fragen dazu viel genauer formuliert sein als oben. „Druck zu hoch?" muß vielmehr lauten *„Druck höher als 71 bar?"* – Statt „Dampftemperatur zu hoch?" muß es heißen *„Dampftemperatur über 286 Grad Celsius?"* Die Antwort darauf kann nur *ja* oder *nein* lauten. Und jetzt kann der Rechner logisch richtig entscheiden. Beispiel: Wenn die Temperatur höher ist als 286 °C, dann müssen die Regelstäbe tiefer in den Reaktorkern eingefahren werden.

Wenn der Rechner Tausende von Daten in jeder Sekunde auf diese Weise richtig verarbeitet, dann ist dies noch lange kein Zeichen von Intelligenz, sondern nur ein Beweis für seine Schnelligkeit. Im Tempo ist er dem menschlichen Gehirn tatsächlich überlegen. Deshalb setzt man ihn in der Leitzentrale des Kraftwerks ebenso ein wie zur Flugzeuglandung im Nebel.

Der Boss entscheidet digital

Aber nicht nur dort, sondern in jeder modernen Fabrik, in den Büros, in den Banken, beim Arzt, im Kaufhaus ..., überall arbeiten Rechenanlagen und entscheiden nach dem Prinzip *ja* oder *nein.* Dazwischen gibt es nichts: kein „das überlege ich mir bis morgen", keine bösen Vorahnungen, keine Bedenken, kein Zufall! Es gibt *nur zwei logische Entscheidungsmöglichkeiten: entweder **ja** oder **nein.***

Die Technik, die dahintersteckt, nennt der Fachmann **Digitaltechnik.** Das lateinische Wort *digitus* bedeutet „Finger". Unsere Finger bilden bekanntlich die Grundlage des Zählens und des Rechnens. Wenn du dich beim Einkaufen im Ausland nicht verständlich machen kannst, dann nimmst du deine Finger zu Hilfe. Du zeigst erst auf die gewünschte Ware und streckst danach drei oder vier Finger hoch. Jeder Finger steht für ein Stück der Ware. Geknickte, halbe Finger benutzt man nicht, sie würden nur Verwirrung stiften. Entweder ganz oder gar nicht. Ja oder nein.

Die Digitaltechnik kennt sozusagen nur den ausgestreckten Finger *(= ja)* oder den nicht ausgestreckten Finger *(= nein).*

Und das soll reichen, um ein Kraftwerk zu steuern oder ein Flugzeug sicher zu landen?

Wo bleibt der „geknickte" Finger?

Wo bleibt die Intelligenz des Menschen, seine Fähigkeit, Wichtiges und Unwichtiges zu trennen?

Der Mensch kann spontan entscheiden, scheinbar zufällig und doch überlegt. Er kann auf völlig neue Situationen reagieren. Er kann kreativ sein, er kann träumen, ihm können Dinge einfallen, die noch niemals vorher jemand gedacht hat. Für ihn gibt es den „Geistesblitz".

Wenn dieser „Blitz" einen Rechner treffen würde, dann wäre das der Anfang vom Ende. Deswegen müssen an allen wichtigen und entscheidenden Stellen natürlich auch Menschen sitzen. Der Mensch bringt dabei seine *Intelligenz* ein, der Rechner seine *Schnelligkeit,* seine *Genauigkeit* und seine *Geduld* bei eintönigen und einschläfernden Arbeiten. In dieser Funktion ist der Rechner eine echte Hilfe.

Du sollst dich in diesem Heftchen mit der Digitaltechnik vertraut machen. Du wirst erleben, wie elektronische Bauteile Entscheidungen treffen, wie sie Erinnerungen speichern und verarbeiten, wie sie zählen und rechnen, überwachen und steuern können.

Alle Versuche sind so ausgewählt, daß du sie mit möglichst wenigen Bausteinen aufbauen kannst.

Du hast Angst, daß du solch komplizierte Sachen nicht verstehst? Na hör mal, ein Computer kann nicht mal bis zwei zählen – und du willst jetzt schon aufgeben?

Es wäre aber von Vorteil, wenn du über die grundlegenden Transistorfunktionen und einfache Transistorschaltungen Bescheid wüßtest...

Falls nicht, dann hilft dir bei dem Einstieg in diese Technik sicher das erste Heft der Reihe *technik für dich* mit dem Titel „Transistorschaltungen" weiter.

Wenn du aber mit Lötkolben und Meßgerät, Transistor und Flipflop schon vertraut bist, dann kann es gleich losgehen. Also ran an die Digitaltechnik, sie wird ihre Geheimnisse schon rausrücken:

Jetzt bist du der Boss!

Ja oder nein?

Im Leben gibt es nur wenige Entscheidungen, die sich ganz klar mit einem *Ja* oder *Nein* fällen lassen. Man könnte sie die *Wenn-dann-Entscheidungen* nennen: Wenn die Ampel rot zeigt, dann muß ich anhalten. Wenn kein Schnee liegt, dann kann ich nicht Ski laufen. Wenn der Kunde die Rechnung bezahlt hat, dann bekommt er keinen Mahnbrief.

Verkürzt:	Rechnung bezahlt?	*(ja/nein)*
	Mahnbrief?	*(nein/ja)*

Die meisten Entscheidungen sind nicht so einfach zu fällen wie in diesen Beispielen, weil ihre Bedingungen viel komplizierter und verschachtelter sind:

Welchen CD-Player wünsche ich mir zum Geburtstag?

Welche Partei wähle ich beim nächsten Mal?

Wohin fahre ich im nächsten Urlaub?

Die Antworten auf diese Fragen sind zusammengesetzt aus einer großen Anzahl von einzelnen Entscheidungen, die bereits vorweg getroffen werden müssen. Nehmen wir das Beispiel vom Urlaub:

Die Reise kann ich erst dann festlegen, wenn ich z. B. folgendes bedacht und entschieden habe:

(kreuze bitte an)	*ja*	*nein*
Meine Reiseart:		
alleine	...	...
mit Familie	...	...
mit Freund/in	...	...
in einer Gruppe	...	...
Meine Urlaubszeit:		
in den Sommerferien	...	...
in der Vorsaison	...	...
im Winter	...	...
im Frühling	...	...
und so weiter		

Urlaubsdauer in Wochen: ein, zwei, drei ...?
Urlaubsinhalt: ausschlafen, gammeln, lesen, erholen, besichtigen, entdecken, erleben, spielen, träumen, tanzen, flirten, baden, surfen, segeln, wandern, radfahren, bergsteigen, segelfliegen ...?
Wunschklima: kalt, kühl, heiß, windstill, stürmisch, sonnig ...?
Wunschgegend: Meer, Seen, Flüsse, Flachland, Gebirge, Wald, Wüste ...?
Wunschziel: in Deutschland, in Westeuropa, in Osteuropa, in Übersee ...?
Meine Sprachkenntnisse: deutsch, englisch, französisch, italienisch ...?
Anreise mit: Fahrrad, Motorrad, PKW, Bus, Bahn, Boot, Schiff, Flugzeug ...?
Unterkunft: Zelt, Jugendherberge, Hausboot, Wohnwagen, Ferienhaus, Gasthof, Pension, Hotel, Club-Anlage ...?
Urlaubsplanung: durch mich, eine Gruppe, einen Reiseveranstalter ...?
Meine Urlaubskasse: etwa bis 1000 DM, bis 1500 DM, bis 2000 DM ?

Genug vom Urlaub, sonst wird es nichts mehr mit der Digitaltechnik, weil wir uns gemeinsam in die Ferien fortträumen. Also erst die Arbeit, dann der Urlaub.

Dir ist sicher aufgefallen, daß sich alle diese vielen Teilfragen zur Urlaubsplanung mit einem eindeutigen *Ja* oder *Nein* beantworten lassen. Um die Lösung der Ausgangsfrage „Wohin fahre ich im nächsten Urlaub?" zu bekommen, werden jetzt die einzelnen Antworten miteinander *verknüpft.* Das erfolgt nach einfachen logischen Gesetzen. Man braucht zur Verknüpfung nur die Worte **und, oder, nicht.**

Beispiel: Ich möchte gerne mit Bahn *oder* Bus ans Meer *oder* an einen See fahren, möchte baden *und* surfen *oder* segeln, aber *nicht* in einem Hotel *oder* einer Pension wohnen, die Reiseplanung möchte ich allein machen *und nicht* mehr als 1000 DM ausgeben.

EVA und die EDV

So unterschiedlich die Menschen sind, so verschieden dürften die Urlaubswünsche sein, mit denen sie in ein Reisebüro kommen.

Die ganze *Urlaubsberatung* könnte jetzt ein Computer machen, man müßte ihm nur vorher die vielen einzelnen Entscheidungsfragen eingeben. Er würde dann die Antworten miteinander verknüpfen und verarbeiten. Am Ende könnte er, falls in seinem Speicher alle nur denkbaren Urlaubsziele enthalten wären, seine Empfehlung über einen Bildschirm oder einen Drucker ausgeben.

Dies ist das Prinzip aller Rechenanlagen und Computer: **Eingabe – Verarbeitung – Ausgabe**, nach den Anfangsbuchstaben oft mit dem hübschen Namen **EVA** abgekürzt (nur böse Zungen behaupten, daß wir ohne diese technische EVA noch im Paradies leben könnten). Die einzelnen Entscheidungen auf die verschiedenen Fragen und die gespeicherten möglichen Antworten nennt der Fachmann *Daten.* Weil diese Daten elektronisch z. B. mit Hilfe von Dioden und Transistoren verarbeitet werden, spricht man von der **EDV,** also der **e**lektronischen **D**aten-**V**erarbeitung.

Sie ist für die meisten Menschen ein geheimnisvolles „Buch mit sieben Siegeln". Für dich gilt das natürlich nicht mehr, denn du müßtest längst gemerkt haben, daß es gar nicht *sieben* Siegel sein können, sondern höchsten *drei.* Und die dürften wohl zu knacken sein. Sie sind auch überhaupt nicht geheimnisvoll, denn sie enthalten nur einfache logische Verknüpfungen: UND, ODER, NICHT. Und weil auf der Welt mehr Menschen Englisch als Deutsch sprechen, hier also international: *AND, OR, NOT.*

Doch bevor es jetzt ans Verknüpfen der Daten geht – denk noch mal an EVA. Das Verknüpfen gehört bereits zur *Verarbeitung.* Ehe es soweit ist, muß zunächst die *Eingabe* funktionieren und später die *Ausgabe.*

Du weißt sicher, wie das bei modernen Computern geht: Die *Eingabe* wird normalerweise über eine Schreibmaschinen-Tastatur gemacht. Das wird sich vielleicht bald ändern, wenn Computer unsere Sprache direkt verstehen können. Akustische Signale verstehen sie bereits: Sie können die Piepstöne eines anderen Rechners aufnehmen, wenn diese über eine Telefonleitung zu einem speziellen Eingabegerät laufen, einem sogenannten Modem.

Schon heute gibt es auch Eingabegeräte, die die Signale auf optischem Wege an den Computer weitergeben: Solche Strichcode-Leser kennst du bestimmt aus einem Kaufhaus mit Scanner-Kassen. Bilder kann ein Scanner ebenso erfassen.

Computer können auch ihre Signale von magnetischen Speichern bekommen, von Tonbändern oder Disketten. Ältere Computer bekamen ihre Daten meist von gelochten Papierstreifen oder -karten.

Die *Verarbeitung* in allen Computern erledigt heute die Elektronik, die *Ausgabe* erfolgt fast immer über einen Drucker oder einen fernseherähnlichen Bildschirm, den Monitor.

Du solltest jetzt den Lötkolben anheizen, Elektronik-Lot bereitlegen und zuerst einige Teile aufbauen und testen. Mit denen wirst du anschließend Signale in eine elektronische Schaltung eingeben, sie dort verarbeiten und wieder ausgeben lassen.

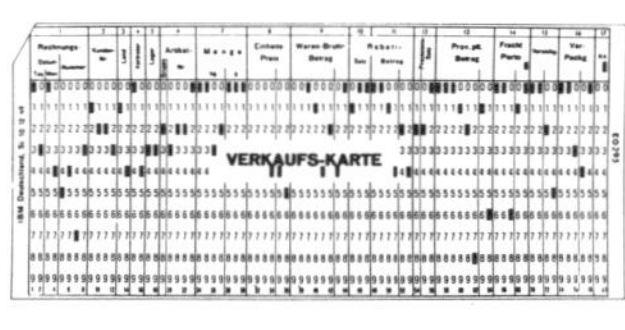

Daten-Eingabe-Geräte

Teileliste

Um Experimente durchführen zu können, benötigst du Versuchsmaterial. Speziell für Versuche mit ICs gibt es in Elektronik-Shops und im Versandhandel vorgebohrte, fertige Platinen mit allen Bauteilen, die dir das Arbeiten sehr erleichtern. Du mußt nur noch die einzelnen Bausätze zusammenlöten, und schon können die Experimente beginnen.

Alle Versuche in diesem Heft sind mehrere Jahre im Schulunterricht und in der Erwachsenenbildung erprobt worden. Spezielle Bausätze zu diesem Heft liefert die Firma **Oppermann electronic, Postfach 20, 3051 Sachsenhagen.** Du benötigst folgende Bausätze und Einzelbauteile:

2	IC Experimentierplatinen (mit 16poliger Fassung)	Bausatz 2005
1	4fache Signal-Eingabe (4 Tasten mit LED-Anzeige)	Bausatz 2006
1	4fache Signal-Ausgabe (4-Bit-LED-Anzeige)	Bausatz 2007
1	6fache Signal-Ausgabe mit 2x Ampel-LEDs: rot / gelb / grün	2008
1	Prellfreie Eingabetaste	Bausatz 2009
1	7-Segment-Anzeige	Bausatz 2010
1	Prellfreier Taktgeber (mit Start-Stop-Taste)	Bausatz 2011

1	IC 74 HC 00	NAND-Logik
1	IC 74 HC 04	NICHT-Logik
1	IC 74 HC 08	UND-Logik
1	IC 74 HC 32	ODER-Logik
1	IC 74 HC 164	8-Bit-Schieberegister
1	IC 74 HC 192	Dezimalzähler
1	IC 74 HC 193	4-Bit-Binärzähler
1	IC 74 HC 283	4-Bit Voll-Addierer
1	IC 74 HC 670	4 x 4-Bit-Speicher
1	IC 74 HC 4017	Johnson-Dezimalzähler
1	IC 74 HC 4040	12-Bit-Binärzähler

2	rote Leuchtdioden (5 mm Ø)
11	Widerstände (2 x 220 Ω, 2 x 1 kΩ, 2 x 2,2 kΩ, 2 x 10 kΩ, 3 x 100 kΩ)
1	Potentiometer (ca. 50 kΩ)
12	Dioden (z. B. Typ 1 N 4148)
8	Elektrolytkondensatoren (2 x 100 µF, je 1 x 0,1 µF, 0,47 µF, 1 µF, 10 µF, 220 µF, 470 µF)
1	FET (z. B. Typ BSS 97)
1	UM-Taster
35	Verbindungskabel mit Lötschuhen (20 x 25 cm, 15 x 15 cm)
10	Verbindungskabel mit Krokodilklemmen
1	Netzteil mit 5 V Gleichspannung (oder eine 4,5-V-Flachbatterie)

Manches besitzt du vielleicht schon, wenn du vor der Digitaltechnik mit den Transistor-Grundschaltungen experimentiert hast:

1	Vielfachmeßgerät (am besten eines mit digitaler Anzeige)
1	Lötkolben (max. 30 Watt)
1	Telefon-Hörkapsel
1	NTC-Widerstand (ca. 10 kΩ)
1	LDR

Experimentiergeräte

Hier siehst du alle fertig gelöteten Bausteine, die du zum Experimentieren mit digitalen ICs brauchst.

IC-Experimentierplatine

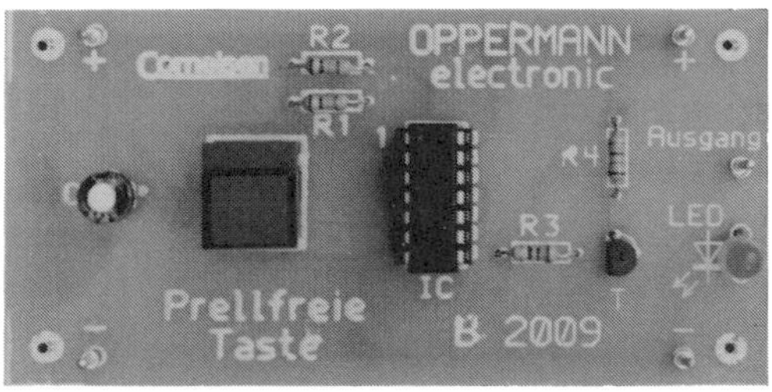

Prellfreie Eingabetaste

4fache Signal-Eingabe

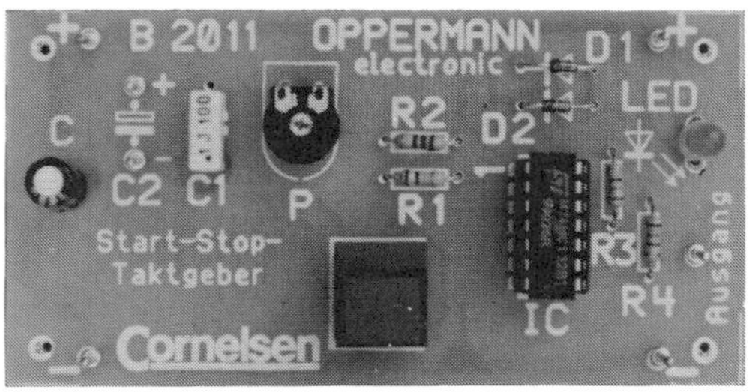

Prellfreier Taktgeber

6fache Signal-Ausgabe

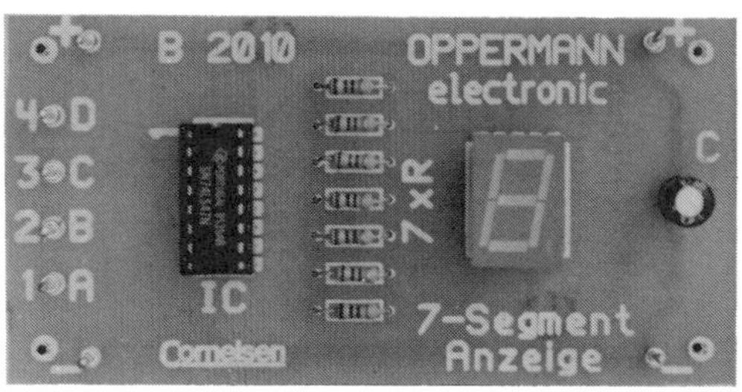

7-Segment-Anzeige

4fache Signal-Ausgabe

Bauanleitung

Als erstes solltest du die beiden **IC-Grundplatten** verlöten. Das ist am einfachsten, aber auch am langweiligsten wegen der vielen Lötstifte. 2 x 52 Lötstellen – und du hast es geschafft. Falls du in der letzten Zeit selten elektronische Bauteile verlötet hast, dann kommst du so wieder in Übung. Verlöte zuerst die Lötstifte.

Später bei den Beinchen der IC-Fassung mußt du darauf achten, daß beim Löten keine Kontaktbrücken zu den Nachbaranschlüssen entstehen. Schau dir bei der Gelegenheit diesen Baustein gleich genauer an. Du findest, daß von jedem Anschluß der IC-Fassung eine Verbindung zu zwei Lötstiften führt. Nun benutzen wir ICs mit 14 und solche mit 16 Anschlüssen.

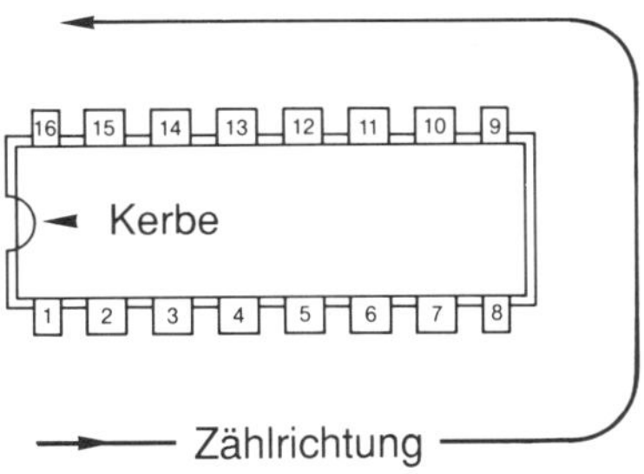

Die Beinchen werden *entgegengesetzt zum Uhrzeigersinn* gezählt, und man beginnt mit dem Zählen unten links. Du willst wissen, wo später bei den ICs *rechts* und *links* ist? Ganz einfach: An einer Schmalseite des ICs (also dort, wo keine Beine sind) ist eine Kerbe oder eine deutliche Aussparung im Kunststoffgehäuse. Wenn du das IC später einbaust, muß diese *Kerbe nach links* zeigen. Auf die Kerbe kannst du dich immer verlassen, der gedruckte Text auf dem IC kann schon mal auf dem Kopf stehen (was zum Glück jedoch selten vorkommt).

Doch zurück zum Zählen: Du findest an den inneren Lötstiften die Zahlen 1–16. Sie stehen nicht in Klammern. An den äußeren Stiften stehen die Zahlen (1) – (14) jeweils in Klammern.

Wenn du also ein IC mit nur 14 Beinchen einsetzt, so mußt du es in der Fassung *ganz nach links* rücken; so bleibt in der Fassung rechts jeweils ein Anschluß unten und oben frei. An den beiden Stiften stehen deshalb keine eingeklammerten Zahlen.

Rechts und links in den Ecken der Bauplatte findest du jeweils fünf Lötstifte. Dort sind später der Pluspol und der Minuspol der Stromquelle anzuschließen. Auf der Rückseite der Platine erkennst du, daß beide Pole keine Verbindung zu dem eigentlichen IC haben.

Versuche bitte noch nicht, ein IC in die Fassung zu setzen. Was du dabei nämlich beachten mußt, erfährst du erst auf den folgenden Seiten. Jetzt gilt es erst einmal, den Lötkolben nicht kalt werden zu lassen. Schließlich ist noch mehr zu löten, also weiter:

Als zweites solltest du den Baustein mit den vier Tasten für die **4fache Signal-Eingabe** löten. Eine ausführliche Anleitung für den Zusammenbau liegt bei den Teilen. Deshalb brauche ich hier nichts zu beschreiben.

Danach kommt der Bausatz **4fache Signal-Ausgabe** dran, ebenfalls genau nach der beiliegenden Anweisung.

Alle weiteren Bausätze brauchst du während der ersten Versuchsreihe nicht. Und weil das Experimentieren mehr Freude macht als das Verlöten, deshalb solltest du dir jetzt etwas Gutes tun und die restliche Lötarbeit für die fehlenden Bausteine auf einen anderen Tag verschieben. Doch halt – den Lötkolben mußt du trotzdem noch eine Weile anlassen, denn es fehlen dir noch viele Verbindungskabel mit kleinen Steckschuhen für die Lötnägel. Du wirst später staunen, wie viele dieser Leitungen du benötigst.

Benutze für die **Leitungen** dünne Litze (etwa 0,1 mm^2) in unterschiedlichen Farben. Schneide dir 15 kürzere (ca. 15 cm) und 20 längere (ca. 25 cm) Stücke zurecht. Isoliere die beiden Enden nur wenige Millimeter ab, und verlöte sie jeweils an einem Lötschuh. Wenn der Schuh ein Loch hat, solltest du die Leitung *nicht* dort hindurchziehen ...

Einige Besonderheiten von CMOS-ICs

Beim vielen Experimentieren bleibt es nämlich nicht aus, daß irgendwann die Leitung vom Schuh abreißt. Das bedeutet Ärger mit den verdrillten, festgelöteten Resten. Deshalb solltest du das verdrillte Kabel einfach nur flach auf den Anschluß legen und verlöten.

Ganz edle und teure Schühchen haben einen Crimpanschluß. Sie brauchen überhaupt nicht verlötet zu werden: Die abisolierten Kabelenden werden mit einer Preßzange festgequetscht. Da man die Isolierschicht zusätzlich einquetscht, reißt diese Leitung später nicht so leicht ab.

Mißtrauische Zeitgenossen, die der gequetschten Verbindung nicht trauen, verlöten den Anschluß noch vor dem Zusammenquetschen. Sie meinen: doppelt genäht ... bzw. doppelter Kontakt hält besser. Das stimmt in diesem Fall aber gar nicht. Crimpanschlüsse also bitte nicht verlöten!

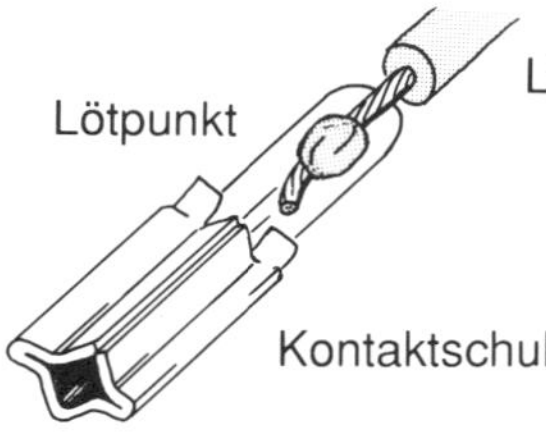

Das solltest du über deine ICs wissen:
IC ist die Abkürzung von *Integrated Circuit*, was soviel bedeutet wie „zu einem Ganzen gehörender Schaltkreis". Solche ICs bestanden im Inneren aus vielen Widerständen, Dioden und Transistoren und stellten komplette elektronische Schaltungen dar.

Die ersten ICs bauten in den USA *Jack Kilby* im Jahre 1958 für die Firma Texas Instruments und *William Noyce* 1959 für Fairchild. Bald entstand eine ganze Familie von ICs, die logische Entscheidungen treffen, speichern und rechnen konnten. Alle ICs dieser ersten Familie begannen mit den Kennziffern 74; also z. B. 7400, 7408, 7432 ...

Die ICs steckten in Kunststoffkästchen mit vielen Anschlüssen und waren so gebaut, daß sie eine Spannung von möglichst genau 5 V benötigten (4,75 V bis 5,25 V).

Später fand man, daß die Transistoren in diesen ICs beim Schalten zu viel Strom benötigten. Deshalb stellte man die Transistoren in *CMOS-Technik* her. Man benutzte *Feldeffekt-Transistoren*, die zum Ansteuern überhaupt keinen Strom mehr brauchen, sondern nur noch eine Spannung. (Mehr dazu auf Seite 47.)

Leider waren solche ICs (der 40er Familie) aber zunächst langsamer als die der 74er.

Später wurde die Geschwindigkeit der einzelnen Schaltvorgänge so gesteigert, daß man sie wirklich als *high speed* bezeichnen kann. Viele deiner ICs bringen es auf 60 Millionen Schaltvorgänge in einer einzigen Sekunde! Zur Unterscheidung von der ursprünglichen 74er Familie tragen diese ICs in ihrer Kennzeichnung die Buchstaben **HC** (H für *high speed* und C für CMOS); also z. B. 74 HC 00 oder 74 HC 08. (Mehr über CMOS auf Seite 48.)

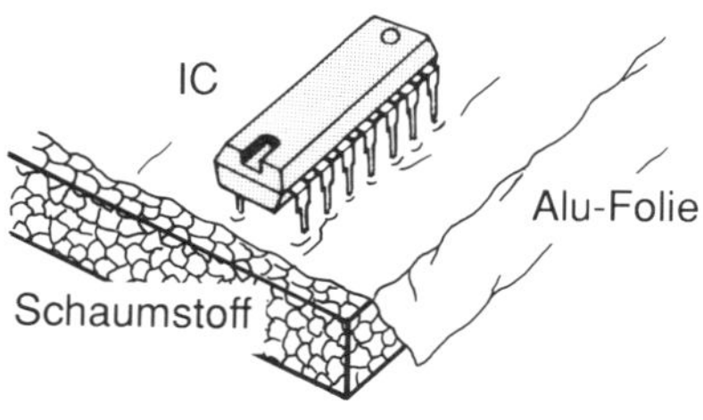

Weil die Transistoren in deinen ICs bereits durch kleine Spannungen angesteuert werden, mußt du es vermeiden, ihre Beinchen unnötig zu berühren; denn dein Körper könnte (z. B. durch Gehen über Kunststoff- oder Teppichboden) elektrisch aufgeladen sein. Der Fachmann legt deshalb diese ICs auch nie auf einen Tisch mit einer Kunststoffoberfläche, sondern er benutzt elektrisch leitende Unterlagen, die er durch eine Verbindung zur Wasserleitung oder zum Heizkörper sogar zusätzlich erden kann.

Zur Aufbewahrung deiner ICs solltest du dir elektrisch leitenden Schaumstoff besorgen oder einen beliebigen Schaumstoff nehmen und mit einem Stück Alu-Folie überziehen. Wenn du ein IC dort hineinsteckst, sind all seine Anschlüsse leitend miteinander verbunden und somit frei von unterschiedlichen Aufladungen.

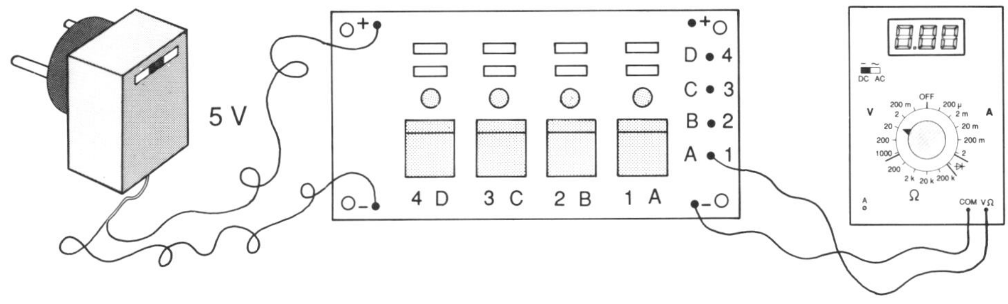

Netzteil 4fache Signal-Eingabe Spannungsmesser

Versuch 1:
An den Versuchszeichnungen steht als Spannung immer 5 V. Darauf beziehen sich die Angaben von Meßergebnissen, und damit werden auch eventuelle Rechnungen durchgeführt. Alle Versuche gelingen aber auch mit dem Strom aus einer Flachbatterie. Falls du eine solche 4,5-V-Batterie benutzt, bekommst du deshalb geringfügig davon abweichende Ergebnisse. Das sollte dich jedoch nicht stören.

Schließe jetzt an die 4fache **Signal-Eingabe** die 5-V-Stromversorgung an, und gewöhne dich gleich an folgende Spielregel: Der Elektroniker legt die Bauplatten immer so auf den Tisch, daß die *Minusleitung unten* ist, also quer vor ihm. Die *Plusleitung* liegt stets *oben.*

Wenn du nun auf die Taster drückst, so muß die zugehörige Leuchtdiode (LED) anzeigen, daß über den Taster gerade das Signal *ja* eingegeben wird. Mit anderen Worten: An dem zugehörigen Beinchen der Platine (Nummer 1–4) muß bei gedrücktem Taster ein Signal mit dem Spannungswert *high* liegen. Bei nicht gedrücktem Taster (entspricht einem *Nein*) muß dort ein Signal mit dem Spannungswert *low* anliegen.

Deine erste Aufgabe ist es jetzt, zu messen, welche Spannung zu dem *low*- bzw. *high*-Wert der Signal-Eingabe gehört. Wie du auf dem Bild oben siehst, wird die Signalspannung zwischen dem Beinchen und dem Minuspol gemessen.

Schreibe hier deine Meßergebnisse auf:

Signal *nein* ≙ Taster *nicht gedrückt*
≙ Eingangsspannung *low* = ... Volt

Signal *ja* ≙ Taster *gedrückt*
≙ Eingangsspannung *high* = ... Volt

Versuch 2:
Lege die 4fache **Signal-Ausgabe** rechts neben die Eingabe. Verbinde die durchgehenden oberen Plus- und die unteren Minusleitungen miteinander. Verbinde nun das Beinchen 1 der Eingabe mit dem Beinchen 1 der Ausgabe, ebenso die Anschlüsse 2 bis 4.

Wenn du jetzt z. B. die Signaltaste 3 drückst, so muß außer der LED 3 auf der Signal-Eingabe auch die Leuchtdiode 3 auf der Signal-Ausgabe aufleuchten. Teste die vier möglichen Signale.

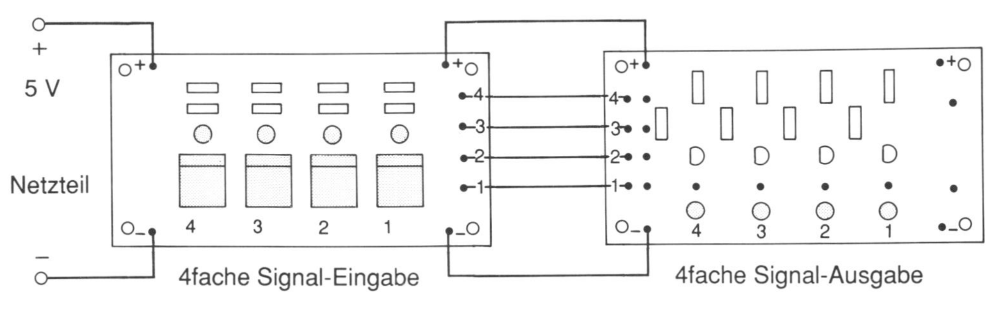

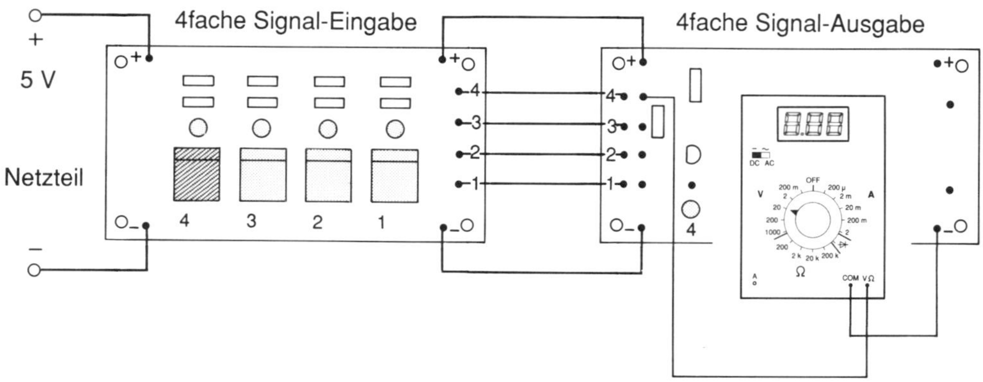

Auf der Ausgabe-Platine wird das ankommende Signal durch einen Transistor verstärkt und über eine Leuchtdiode angezeigt.

Miß am Eingang der Signal-Ausgabe mit dem Voltmeter nach, welcher Spannungswert hier beim Eingangssignal *ja* und *nein* liegt. Du meinst, das müsse doch der gleiche Wert sein wie im Versuch 1? Miß lieber erst nach ...

Taster nicht gedrückt ≙ Eingang *low*
≙ Ausgangsspannung *low* = ... V

Eingabetaster gedrückt ≙ Eingang *high*
≙ Ausgangsspannung *high* = ... V

Das Bild unten zeigt dir die exakte Schaltung der Ein- und Ausgabe von Versuch 1 und 2 bei gedrückter Taste. Erkläre, weshalb die Ergebnisse der Spannungsmessung aus den beiden Versuchen nicht gleich sein können. Wo ging im Versuch 2 die „fehlende Spannung verloren"? Überprüfe deine Vermutung.

Lösung: ....

Versuch 3:
Jetzt sollen mehrere Eingangssignale miteinander *verknüpft* werden, so wie es im Text der Einleitung am Beispiel des Urlaubs beschrieben wurde. Erinnere dich: Der Urlaub sollte z. B. erst dann gebucht werden, wenn man dort baden *und* surfen kann, mit Bus *oder* Bahn anreist, aber *nicht* im Hotel wohnt ...

Die Verknüpfung der Signale findet im Inneren der ICs statt. Zu jeder logischen Verknüpfung gehört ein spezielles IC. Der Fachmann erkennt die Verknüpfung bereits an der aufgedruckten Zahl, z. B. 74 HC 00 oder 74 HC 04 oder 74 HC 32. Du sollst selbst herausfinden, nach welcher Logik die ICs arbeiten.

Bevor du nun das IC aus dem leitfähigen Stückchen Schaumstoff abziehst, wo du es aufbewahrst, solltest du mit der Hand einmal an eine geerdete Leitung fassen (Wasser- oder Heizungsrohr), damit die eventuell vorhandenen Ladungen von deinem Körper abfließen können.

Nimm das IC 74 HC 08, und lege es auf ein Stückchen Alu-Folie vor dich hin. Vergleiche den Abstand der beiden Beinchenreihen mit den Abständen im Stecksockel deiner IC-Experimentierplatte.

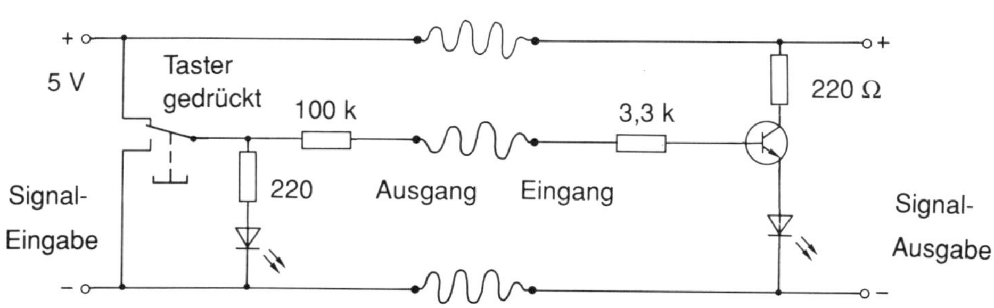

Einsetzen eines ICs in die Fassung

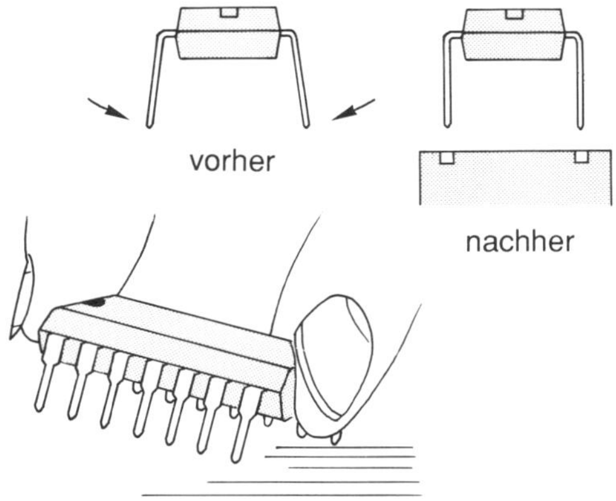

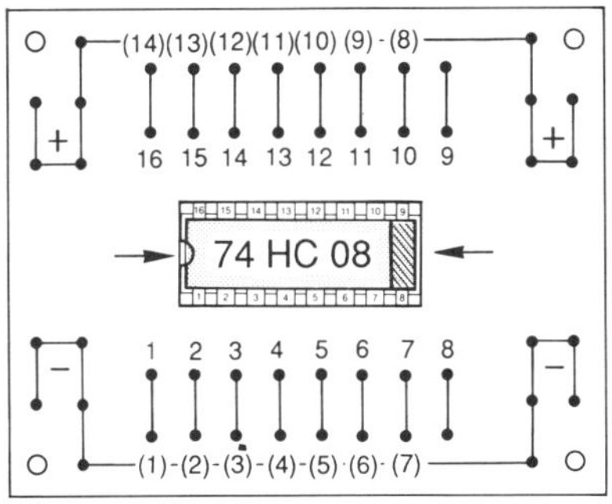

Du wirst finden, daß die Beinchen eines fabrikneuen ICs immer etwas zu weit auseinanderstehen. Du mußt die Beinchen vor dem Einsetzen vorsichtig etwas verbiegen, aber nicht einzeln, sondern alle gleichzeitig.

Das geht so: Du hältst das IC an seinen schmalen Seiten fest und drückst alle Beinchen einer Seite auf einer Metallplatte oder der Alu-Folie gleichzeitig *etwas* nach innen. Das gleiche machst du auf der gegenüberliegenden Seite, bis der Abstand genau mit dem der Fassung übereinstimmt (siehe Bild oben). Lege nun das IC *richtig* auf die Fassung.

Richtige Lage bedeutet:

a) Die Fassung liegt auf dem Tisch mit der Plusleitung oben und der Minusleitung unten,
b) Kerbe des ICs muß nach links zeigen, und
c) ICs mit 14 Beinchen müssen in der 16beinigen Fassung links sitzen, so daß rechts zwei Anschlüsse frei bleiben.

Wenn das IC richtig liegt, dann drückst du es vorsichtig immer tiefer in die Fassung hinein. Kontrolliere zwischendurch, daß kein Beinchen geknickt ist! Zwischen der Unterseite des ICs und der Fassung sollte nur ein schmaler Spalt frei bleiben. Das erleichtert es dir später, das IC wieder aus der Fassung zu entfernen. Unter der IC-Experimentierplatte darf natürlich keine Alu-Folie mehr auf dem Tisch liegen, sonst gäbe es bald einen Kurzschluß.

Beachte beim Arbeiten mit ICs, daß du die Stromversorgung immer erst dann anschließt oder einschaltest, wenn der Versuchsaufbau fertig ist.

Lege nun die IC-Platine in die Mitte, die Signal-Eingabe links und die -Ausgabe rechts daneben. Verbinde die durchgehenden Plus- und Minusleitungen miteinander.

Das IC 74 HC 08 muß mit Strom versorgt werden. Verbinde dazu den Minuspol mit dem IC-Beinchen 7 und den Pluspol mit IC-Beinchen 14. (Die 14 muß in Klammern stehen, aber das weißt du ja bereits.)

Das IC 74 HC 08 verknüpft nun das Signal, das an Beinchen 1 liegt, mit dem Signal vom Beinchen 2. Pin 1 und 2 sind Eingänge der logischen Verknüpfung, Beinchen 3 ist der Ausgang.

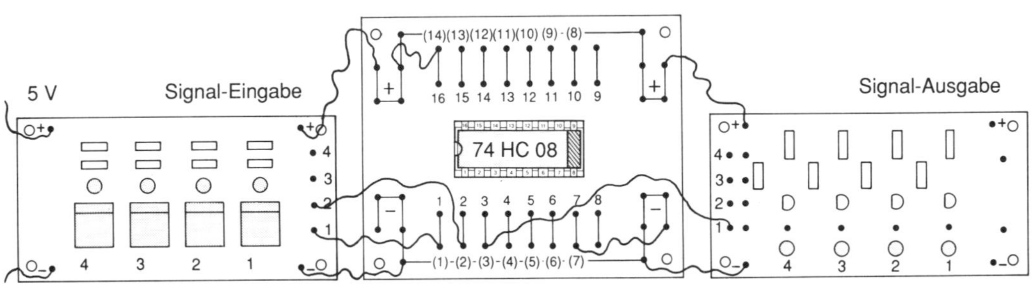

Wahrheitstabelle für 74 HC 08 — Versuche 3 + 4

Lege das Signal der Eingabetaste 1 an Beinchen 1, das der Eingabe 2 an Beinchen 2. Schließe eine der Leuchtdioden auf der Ausgabe-Platine an Beinchen 3 an. Wenn du das alles gesteckt hast, vergleiche den Aufbau mit dem unteren Bild auf der vorhergehenden Seite.

Schalte erst jetzt die Stromversorgung ein!

Prüfe durch Drücken der beiden Tasten, wann die Ausgabe-LED leuchtet. Das Ergebnis des Versuchs stellt der Fachmann in Form einer Tabelle dar. Und da alles streng logisch und ohne Mogeln zugeht, spricht er von der *Wahrheitstabelle der logischen Verknüpfung*. Die verschiedenen Eingänge bekommen die ersten Buchstaben des Alphabets, die Ausgänge die letzten Buchstaben zugeordnet. In unserem Beispiel heißen die Eingänge also **A** und **B**, der Ausgang heißt **Z**.

Statt *Taster nicht gedrückt* oder Eingangssignal *nein* schreibt man in solchen Tabellen als Wert für den logischen Zustand eine Null (**0**).

Statt *Taster gedrückt* oder Eingangssignal *ja* schreibt man als Zustand eine Eins (**1**).

Das gleiche gilt für den Ausgang:
Der Ausgangszustand *ja* wird mit einer **1** gekennzeichnet, und der Ausgangszustand *nein* mit einer **0**.

In der Schaltung entspricht also ein logisches *Ja* der **1** mit dem Spannungspegel *high*, ein logisches *Nein* entspricht der **0** mit dem Spannungspegel *low*.

Schreibe dein Versuchsergebnis entsprechend dieser Verabredung in einer Wahrheitstabelle auf.

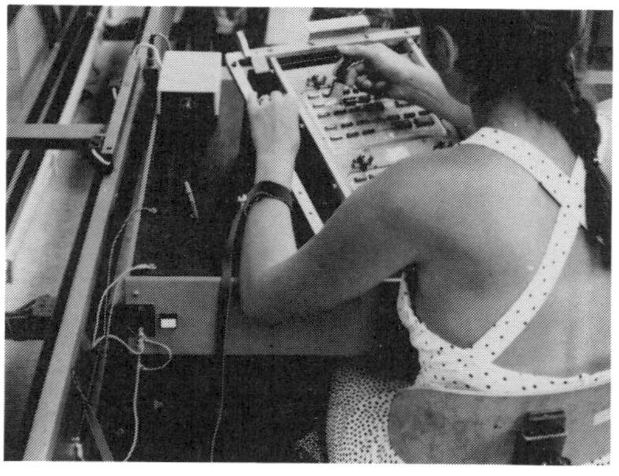

Eingänge		Ausgang
A	**B**	**Z**
0	0	...
0	1	...
1	0	...
1	1	...

Formuliere das Versuchsergebnis als Satz:
Der Ausgang zeigt nur dann den Zustand *ja* an, wenn ...

In deinem Lösungssatz kommt bestimmt eines der drei Worte *und, oder, nicht* vor. Welches? Genauso heißt die logische Verknüpfung, die in dem IC 74 HC 08 verborgen ist. Wenn man sie hinschreibt, benutzt man nur große Druckbuchstaben.

Schreibe entsprechend dein Ergebnis hin.
Das IC 74 HC 08 verknüpft die Signale nach der .... - Logik;
bzw. international (= englisch) ...... - Logik.

Will man eine Schaltung mit dieser logischen Verknüpfung entwerfen, dann benutzt man dafür ein nach DIN verabredetes Schaltzeichen. Du findest es im Lösungsteil. Zeichne es rechts auf.

Ergänzung zum Bild unten links:
Bei der Montage von Computern in den Fabriken sind die Beschäftigten am Handgelenk über ein leitendes Kabel geerdet, damit keine Ladungen auf die ICs übertragen werden.

Versuch 4:
Im letzten Versuch hast du als Spannungsangaben für die Eingänge und den Ausgang wieder die Begriffe *low* und *high* benutzt. Miß einmal nach, wie hoch die Spannungen dort tatsächlich sind. Gemessen wird zwischen dem Eingang (= Beinchen 1 oder 2 des ICs) und dem Minuspol bzw. dem Ausgang (= Beinchen 3) und dem Minuspol.

	Spannung	Eingang	Ausgang
Signal 0 ≙	*low*	 V	 V
Signal 1 ≙	*high*	 V	 V

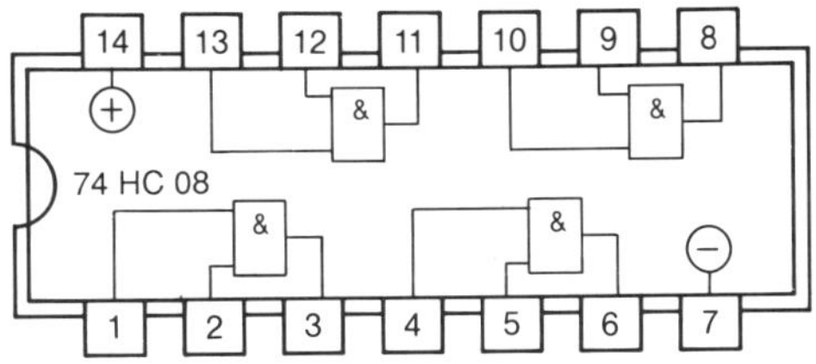

Versuch 5:
Eine solche Logikschaltung, wie sie im Inneren des ICs 74 HC 08 die Signale an den Eingängen (Beinchen 1 und 2) zu einem Signal am Ausgang (Beinchen 3) verknüpft, nennt man ein logisches UND-Gatter (engl. *gate* = Tor). Bildlich gesprochen: Für die am Eingang anstehenden Signale wird das Ausgangstor nur dann geöffnet, wenn die logische Bedingung der UND-Verknüpfung vorhanden ist. Sind die Bedingungen nicht erfüllt, bleibt das Tor bzw. das Gatter verschlossen.

Das Bild oben zeigt dir, was sonst noch alles in dem IC 74 HC 08 steckt. Du erkennst, daß es gleich vier voneinander getrennte, logische Gatter enthält, von denen jedes zwei Eingänge hat. Bisher hast du nur das erste gebraucht. Nun sollst du weitere benutzen.

Dabei mußt du folgende Regeln beachten, die für alle CMOS-ICs gelten:

a) Schalte die Spannung bei allen Experimenten erst dann ein, wenn der Versuch bereits fertig aufgebaut ist!

b) Denke beim Umbau einer bereits funktionierenden Schaltung immer daran, zuerst die Stromversorgung abzuschalten!

c) Eingänge von Gattern dürfen untereinander beliebig verbunden werden.

d) Ausgänge von Gattern darf man auch mit Eingängen verbinden.

e) Ausgänge verschiedener Gatter sollte man *nicht* direkt untereinander verbinden!

f) Man sollte Eingänge von Gattern, auch wenn man sie im Versuch gar nicht benutzt, niemals frei lassen (also gar nicht an die Eingabe anschließen und sie somit weder an *low* noch an *high* legen).

Alle nicht benutzten Gattereingänge eines ICs der CMOS-Serie sollten stets mit dem Minuspol verbunden sein (= Spannungswert low). Der Vorteil der CMOS-ICs ist es, daß in ihre Eingänge als Signal *kein Strom* hineinfließen muß, sondern daß bereits kleine *Spannungen* zum Ansteuern ausreichen. Diese Spannungen können leider zufällig und ungewollt auch aus deiner Umgebung kommen, z. B. vom Reiben an deinem Pullover oder vom Haareraufen ...

Die Regel f hast du zwar bei den bisherigen Versuchen noch nicht beachtet (und dein IC hat das hoffentlich trotzdem überlebt), aber ab jetzt solltest du stets daran denken, alle nicht benutzen Eingänge der ICs immer mit dem Minuspol zu verbinden, bevor du die Versorgungsspannung einschaltest.

Baue die folgende Logikschaltung mit dem IC 74 HC 08 auf: *Die LED am Ausgang soll nur dann aufleuchten, wenn du am Eingang Taster 1* ***und*** *Taster 2* ***und*** *Taster 3 gleichzeitig drückst.* In unserem Urlaubsbeispiel: Ich buche den Urlaub nur dann (Ausgang **Z**), wenn das Ziel am Meer liegt (Eingang **A**) *und* ich dort zelten kann (Eingang **B**) *und* die Reisezeit in die Schulferien fällt (Eingang **C**).

Wie lautet die Wahrheitstabelle?

Eingänge			Ausgang
A	**B**	**C**	**Z**
0	0	0	...
0	0	1	...
0	1	0	...
0	1	1	...
1	0	0	...
1	0	1	...
1	1	0	...
1	1	1	...

Erstelle den Schaltplan für die Logik dieser Aufgabe. Benutze dabei das UND-Schaltzeichen.

Eingang **A** →

Eingang **B** → Ausgang → **Z**

Eingang **C** →

Vergiß später beim Aufbauen der Schaltung nicht, alle Eingänge der nicht benutzten Gatter an Minus zu legen.

Versuch 6:
Verknüpfe *vier* Eingangssignale durch die UND-Logik zu einem Ausgangssignal. Baue die Schaltung auf.
Formuliere einen Beispielsatz, der diese vierfache Verknüpfung enthält (er muß nicht mit dem Urlaub zusammenhängen): ....

....

Eingänge		Ausgang
A	**B**	**Z**
0	0	...
0	1	...
1	0	...
1	1	...

Formuliere das Versuchsergebnis als Satz:
Der Ausgang zeigt dann den Zustand *ja* an, wenn

....

Welche Verknüpfung (und, oder, nicht) kommt in deinem Satz vor?

Versuch 7:
Stecke in die zweite Bauplatte das IC mit der Typenbezeichnung 74 HC 32. In der Belegung seiner Anschlüsse (Plus, Minus, Eingänge, Ausgänge) ist es identisch mit dem bisher benutzten Typ 74 HC 08. Allerdings stecken innen vier Gatter mit einer anderen Logik! Schließe die neue Bauplatte genauso an wie beim Versuch 3. Lege allerdings zusätzlich die Beinchen 4, 5, 9, 10, 12 und 13 an Minus. Stelle fest, wann die Ausgangs-LED leuchtet, und schreibe deine Ergebnisse oben in der Wahrheitstabelle auf.

Das IC 74 HC 32 verknüpft die Signale nach der .... - Logik;
bzw. international (= englisch) .... - Logik.

Will man eine Schaltung mit dieser logischen Verknüpfung entwerfen, dann benutzt man dafür wieder ein Schaltzeichen nach DIN. Du findest es im Lösungsteil. Zeichne es oben in den Kasten.

Versuch 8:
Die neuen Geldscheine (seit 1990 im Umlauf) sollen durch verschiedene Tricks fälschungssicher sein. Die alten Scheine ließen sich leichter fälschen. Deshalb stand auf jedem folgender Text: „Wer Banknoten nachmacht *oder* verfälscht *oder* nachgemachte *oder* verfälschte sich verschafft und in Verkehr bringt, wird mit Freiheitsstrafe nicht unter zwei Jahren bestraft."

Entsprechend der logischen ODER-Verknüpfung folgt eine bestimmte Strafe. Ob jemand bestraft wird (Ausgang **Z**), hängt also von Bedingungen ab, die er durch sein Verhalten selbst schafft (Eingänge **A**, **B**, **C**).

Entwirf mit den DIN-Zeichen hier den logischen Schaltplan:

Macht Banknoten nach?
= Eingang **A** →

Fälscht Banknoten?
= Eingang **B** →

Bringt solche in Umlauf?
= Eingang **C** →

Strafe?
→ **Z**

Baue eine entsprechende Schaltung mit dem IC 74 HC 32 auf und prüfe, ob die Verknüpfung auch wirklich so abläuft, wie es der Text auf den Geldscheinen fordert. Lautet die Antwort auf irgendeine oder mehrere der Eingangsfragen *ja*, so muß die LED am Ausgang als Zeichen für „Strafe" aufleuchten.

Versuch 9:
Unterschiedliche Gatter können in einer Schaltung kombiniert werden. Das ist für die folgende Problemlösung notwendig. Es geht hier um das Auto der Zukunft. Es hat wahrscheinlich serienmäßig *Sensoren* (= Fühler) für Regen, Nebel, Lichtverhältnisse, Temperaturen ...

Über ein Blinklicht im Armaturenbrett wird dann der Fahrer z. B. gewarnt, wenn Bodenfrost auftritt (Vorsicht – Glatteis!) oder wenn er bei Nässe schneller als 80 km/h fährt (Vorsicht – Aquaplaning!). Wie muß der logische Schaltplan für diesen Zusammenhang aussehen? Zeichne die entsprechenden Logik-Gatter mit ihren Symbolen ein, und baue die Schaltung nachher mit deinen Bausteinen auf. Vergiß nicht, auch die zweite IC-Grundplatte an die Versorgungsspannung anzuschließen. Um dir den Aufbau zu erleichtern, solltest du die ODER-Gatter schraffiert zeichnen und alle Anschlüsse (ähnlich wie auf dem Bild unten) mit den Nummern der IC-Beinchen versehen.

... Bodenfrost?
= Eingang **A** →

... Nässe?
= Eingang **B** →

... über 80 km/h?
= Eingang **C** →

... Gefahr?
→ **Z**

Versuch 10:
Es gibt Gesetze, die kann ein Parlament nicht mit einfacher Mehrheit beschließen, sondern nur mit einer 2/3-Mehrheit. Das heißt: Mindestens zwei von jeweils drei Stimmberechtigten müssen für das neue Gesetz sein. Natürlich dürfen auch alle (= 3/3) für das neue Gesetz stimmen.

Eine solche elektronische **2/3-Abstimmungsanlage** ist unten auf dieser Seite dargestellt. Der Einfachheit halber gibt es überhaupt nur drei Stimmberechtigte (Eingaben A, B, C). Erkläre die logischen Verknüpfungen! Baue die Anlage mit den entsprechenden ICs auf. Um dir den Aufbau zu erleichtern, sind alle ODER-Gatter wieder schraffiert gezeichnet und alle Anschlüsse mit den Nummern der IC-Beinchen versehen.

Denke wieder daran, nicht benutzte Gatter-Eingänge an Minus zu legen.

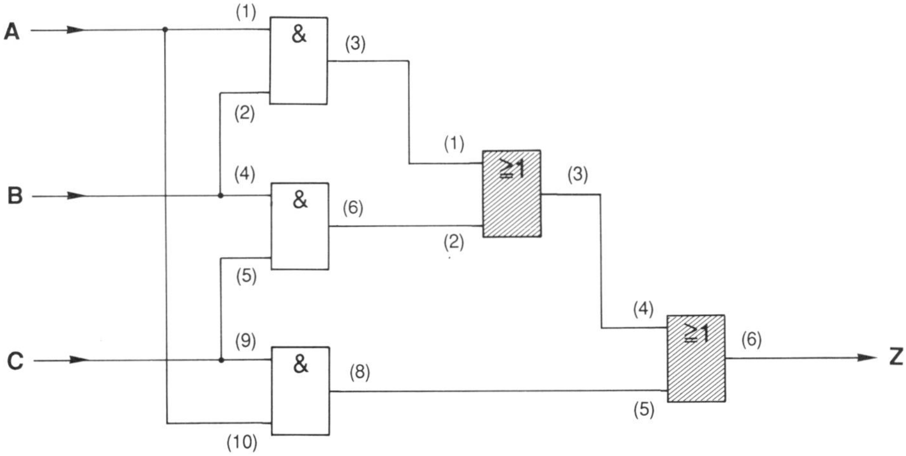

Versuch 11:
Im letzten Versuch wurde dir ein Schaltplan vorgegeben, in dem verschiedene Gatter-*Eingänge* miteinander verbunden waren. Das ist ja bekanntlich erlaubt. Denke an diese Regel, wenn du nun wieder selbst die Schaltung zu einem Problem entwerfen sollst.

Die Aufgabe lautet:
Herr Stiegler macht einen Kurzurlaub in München, wo er sich im **Deutschen Museum** unter anderem die ersten Computer der Welt anschauen möchte. Er selbst sammelt übrigens alte Uhren, die kleine Musikstücke spielen können. Während eines Bummels durch die Stadt sieht Herr S. bei einem Antiquitätenhändler eine solche alte Spieluhr im Schaufenster. Der Preis scheint ihm nicht zu hoch zu sein. Doch der Kauf ist heute natürlich nicht geplant. Herr S. schaut in seine Brieftasche und flucht. Er hat nicht genug Bargeld bei sich. Und die Banken haben schon geschlossen ...

Nun gibt es für Herrn S. noch mehrere Möglichkeiten, das „Schätzchen" trotzdem zu erwerben:

a) Er füllt ein Scheckformular aus und legt die Scheckkarte vor.
b) Er schiebt die Scheckkarte in einen Geldautomaten und tippt seine Geheimzahl ein, die er hoffentlich richtig im Kopf hat.
c) Der Händler gibt sich mit einer Anzahlung zufrieden und schickt über den Rest eine Rechnung.

Erstelle hier den logischen Schaltplan, und baue die Schaltung nachher mit deinen Bausteinen auf.

... Scheckkarte dabei? **A** →

... Scheckformular dabei? **B** →

... Geheimzahl richtig? **C** →

... Lieferung auf Rechnung? **D** →

... Kauf?

→ **Z**

Ergänzung:
Das Deutsche Museum in München ist das größte technische Museum der Welt. Um alle seine Abteilungen zu sehen, braucht man viele Tage. Das Bild nebenan zeigt dir eine Wanduhr, die dort ausgestellt ist. Sie stammt aus dem 18. Jahrhundert und enthält ein wertvolles Glockenspiel. Die gläsernen Glockenschalen erkennst du im oberen Teil.

Die Melodie ist auf der Walze im unteren Teil der Uhr gespeichert. Jeder einzelne vorstehende Nocken hebt den Schläger einer Glocke an, wenn das Federwerk die **Programmwalze** langsam weiterdreht. Das Programm auf dieser Walze besteht - genau wie in der Digitaltechnik - aus vielen einzelnen Ja/Nein-Informationen.

Lochkarten als Datenspeicher

Im Deutschen Museum steht ein Webstuhl aus dem Jahre 1805. Der Franzose *Jacquard* hat ihn erfunden. Mit einem solchen Webstuhl kann sogar ein wenig geübter Weber hübsche Muster und Ornamente in die Stoffe weben. Jacquard hat nämlich oben auf seine Maschine einen Aufsatz montiert. Nach jeder gewebten Reihe (der Weber macht das mit dem „Schußfaden") läuft automatisch ein neues Holzbrettchen durch diesen Aufsatz.

Viele Holzbretter hängen aneinander und haben alle an unterschiedlichen Stellen Löcher. In diesen Löchern ist das „Programm" für das zu webende Muster enthalten. Jedes Loch bedeutet: An dieser Stelle muß der Längsfaden des Gewebes (der Weber nennt das den „Kettfaden") angehoben werden.

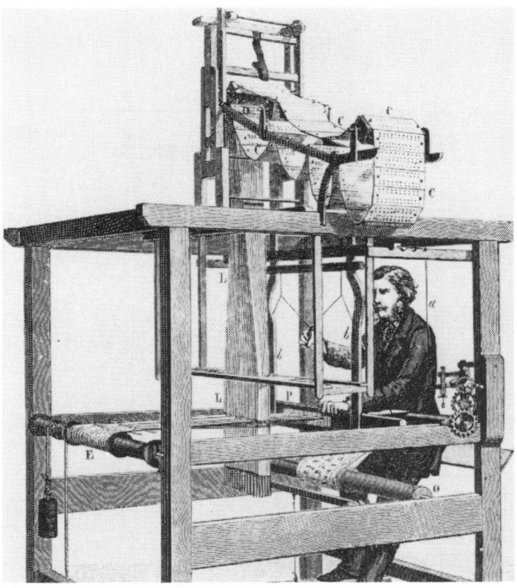

Von Reihe zu Reihe ändert sich das Programm geringfügig und ergibt dadurch das Muster. Federnde Stahlstifte sitzen oben im Aufsatz des Webstuhls und tasten die Brettchen nach Löchern ab.

In den Löchern der Holzbrettchen (später ersetzt durch Karten aus Pappe) sind also viele **Informationen gespeichert**.

Ein Loch bedeutet „Kettfaden anheben" ≙ *ja.* Kein Loch bedeutet „Kettfaden nicht anheben" ≙ *nein.*

Na, – hast du schon was bemerkt?

Jahrzehnte später entdeckt der Deutsch-Amerikaner *Hermann Hollerith* eine weitere Nutzung der Lochkarten.

1880 ist er nämlich Mitarbeiter bei der Volkszählung in Amerika. Jeder der 50 Millionen Bürger muß auf einem Zählblatt Angaben machen über Alter, Familienstand, Kinderzahl, Religion usw. Für die Auswertung der vielen Daten benötigen 500 Helfer ganze sieben Jahre.

Während der eintönigen Zählerei reift in Hollerith eine Idee: Er schlägt vor, die Karten in jedem angekreuzten Feld zu lochen, damit später eine Maschine die Auswertung übernehmen kann. Eine „Kontaktpresse" fühlt, ob an einer bestimmten Stelle ein Loch ist und stellt ein entsprechendes Zählwerk um eine Stelle weiter.

Will man z. B. wissen, wer über 40 Jahre alt ist *und* 2 Kinder hat *und* Landarbeiter ist, so muß man nur die entsprechenden Abtastfedern in der Kontaktpresse miteinander verknüpfen.

Holleriths Erfolg: Bei der Volkszählung 1890 schaffen 50 Mitarbeiter die Auswertung von 63 Millionen **Lochkarten** in nur einem Monat!

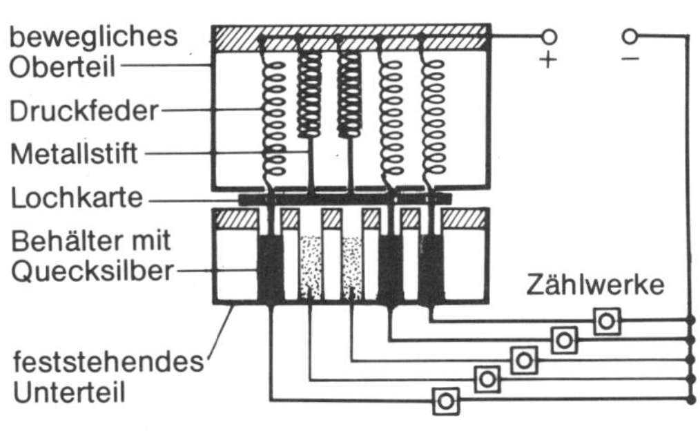

Versuch 12:
Das IC 74 HC 32 mit den ODER-Gattern soll wieder aus der Fassung genommen werden. Wenn du das ohne Werkzeug probierst, wirst du zwei Erfahrungen machen:

a) Das IC hält sich mit seinen 14 Beinen ganz schön fest, und
b) seine Beinchen sind messerscharf, sie schneiden sich tief in deine Finger, wenn sich das IC endlich mit einem Ruck löst. Leg das Pflaster schon bereit, und die IC-Beinchen sind nachher auch hübsch verbogen ...

Also mach es lieber gleich richtig: Schiebe von der schmalen Seite her einen Schraubendreher zwischen IC-Boden und Fassung, und hebel das IC vorsichtig hoch. Dieses Verfahren erspart dir eine teure *IC-Ausziehzange* (solch ein Werkzeug gibt es tatsächlich).

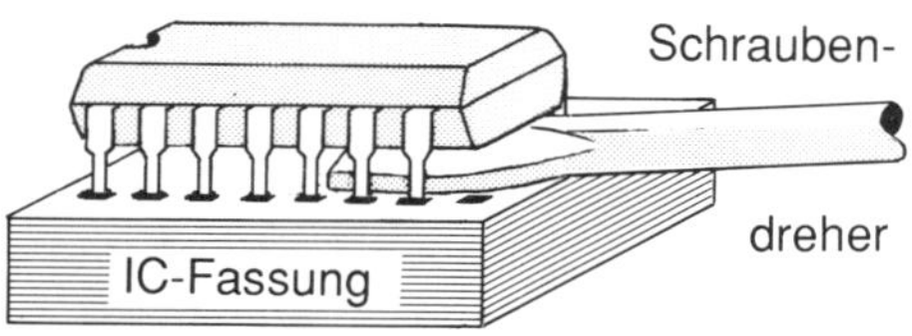

Setze das IC 74 HC 04 in die leere Fassung ein. Es hat mit den anderen ICs den Plusanschluß am Beinchen 14 und den Minusanschluß an Bein 7 gemeinsam. Der Rest ist ganz anders angeordnet: Bein 1 ist ein *Eingang* und Bein 2 der dazugehörige *Ausgang.*

Schließe eine Eingabetaste an Bein 1 an und eine LED-Anzeige an Bein 2. Verbinde die nicht benutzten Gattereingänge 3, 5, 9, 11, 13 mit dem Minuspol. Wann leuchtet die LED?

Formuliere das Ergebnis in einem Satz:
Die LED am Ausgang des Gatters leuchtet, wenn der Taster am Eingang des Gatters ......

....

Stelle die Wahrheitstabelle auf, die kürzer ist als bei den anderen Verknüpfungen.

Eingang A	Ausgang Z
0	...
1	...

Der Ausgang zeigt dann den Zustand *ja* an,

wenn ....

Das IC 74 HC 04 verarbeitet Signale nach der .... - Logik;
bzw. international (= englisch) .... - Logik.

Der Fachmann bezeichnet dieses Verhalten des Umkehrens als „invertieren" (lateinisch *invertere* = umdrehen, umkehren) und nennt eine solche Schaltung einen INVERTER. Aus einem logischen *Ja* macht der Inverter ein logisches *Nein* und umgekehrt.

In den Schaltungen benutzt man für den Inverter ein DIN-Schaltzeichen, das du im Lösungsteil findest. Zeichne es rechts in den Kasten.

Schaltzeichen für eine **NICHT**-Verknüpfung

Versuch 13:
Wenn man etwas Gutes und Positives invertiert, dann erhält man etwas Schlechtes und Negatives. Und wenn man etwas Gutes zweimal invertiert? Sozusagen doppelt verneint?

Beispiel:
„Ich habe Geld" – das ist etwas Positives.
„Ich habe Geld *verloren*" – das ist natürlich etwas Negatives.
„Ich habe *kein* Geld *verloren*" – das ist etwas ...

Im Lösungsteil kannst du sehen, daß in dem IC 74 HC 04 sechs INVERTER stecken. Überlege dir, wie du mit dem IC das Ergebnis einer doppelten Verneinung demonstrieren kannst.

Zeichne hier deine Schaltung auf.

Eingang **A** → → Ausgang **Z**

Versuch 14:
Was muß man alles vorweisen, wenn man mit dem Auto in eine Polizeikontrolle gerät? Entwirf den Logik-Plan, und baue ihn mit den IC-Bausteinen auf.

... Führerschein dabei? Eingang **A** →

... Fahrzeugschein dabei? Eingang **B** →

... Alkoholfahne vorhanden? Eingang **C** →

... Auto fahren?

→ Ausgang **Z**

Versuch 15:
Ob es wohl auf das gleiche hinauskommt, wenn du die Eingangssignale erst verknüpfst und dann verneinst (= invertierst) oder die Signale erst invertierst und dann verknüpfst?

Stelle die Wahrheitstabelle zu den folgenden Schaltungen auf. Prüfe die Logik später mit deinen ICs (74 HC 04 und 74 HC 08) nach. Zunächst wird *nach* dem Verknüpfen invertiert:

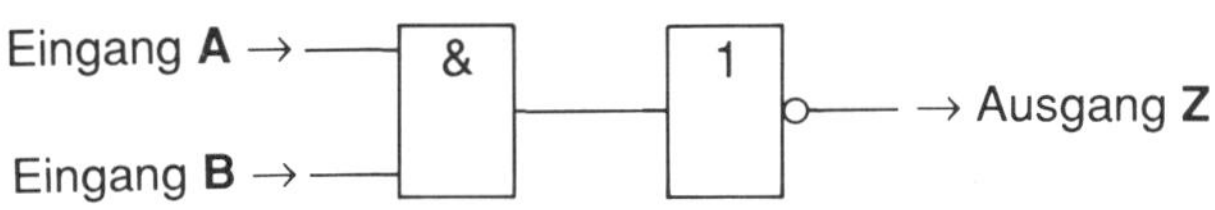

Eingänge A	Eingänge B	Ausgang Z
0	0	...
0	1	...
1	0	...
1	1	...

Und nun wird *vor* dem Verknüpfen invertiert:

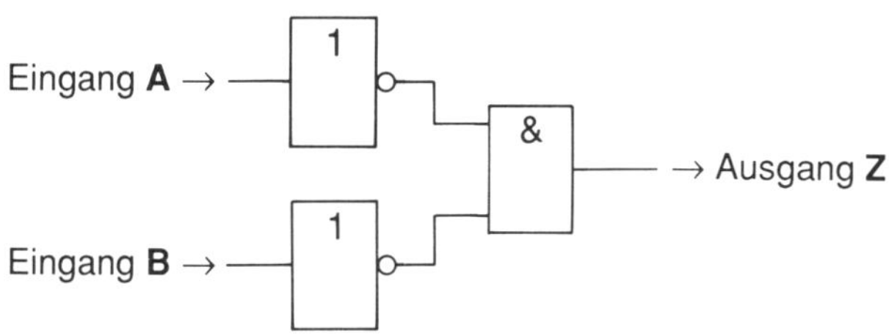

Eingänge A	Eingänge B	Ausgang Z
0	0	...
0	1	...
1	0	...
1	1	...

Versuch 16:
Im letzten Versuch hast du mit dem INVERTER und der UND-Logik gearbeitet. Tausche das IC 74 HC 08 gegen das IC mit der ODER-Logik (74 HC 32) aus, und führe diese Versuche durch:

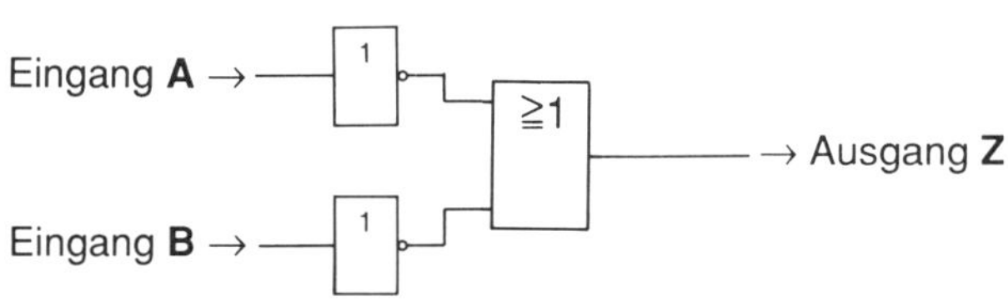

Eingänge A	Eingänge B	Ausgang Z
0	0	...
0	1	...
1	0	...
1	1	...

Nun sollst du das Ausgangssignal zusätzlich noch einmal invertieren:

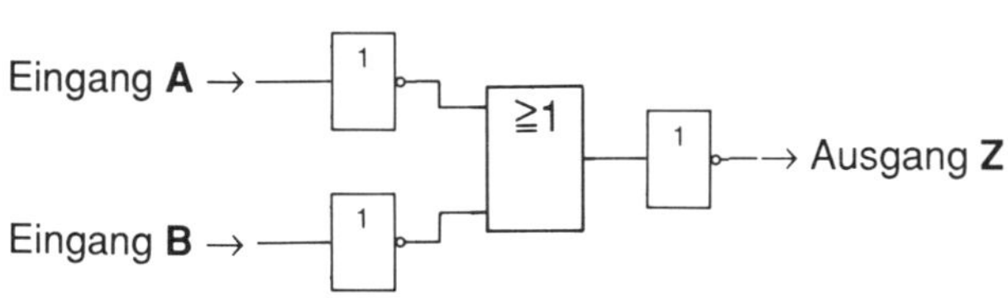

Eingänge A	Eingänge B	Ausgang Z
0	0	...
0	1	...
1	0	...
1	1	...

ist das etwa gesund? Versuch 17

Versuch 17:
Schwimmen ist gesund, *radfahren* auch. *Tabak* dagegen schadet der Gesundheit und der *Alkohol* ebenfalls.

Diesen Zusammenhang soll nun eine IC-Logik anzeigen. Wie mußt du die Gatter (diesmal alle drei Typen: UND, ODER, NICHT) anordnen, damit die LED am Ausgang nur bei wirklich „gesunden Entscheidungen“ aufleuchtet?

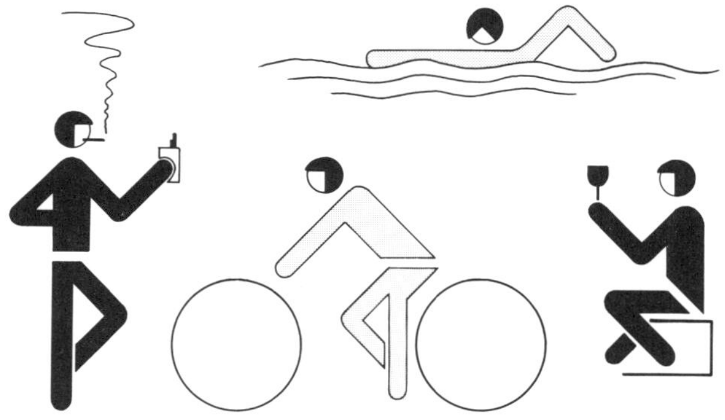

... schwimmen? Eingang **A** →

.... radfahren? Eingang **B** →

... Tabak? Eingang **C** →

... Alkohol? Eingang **D** →

... das hält gesund?

→ Ausgang **Z**

Leider kannst du diesen Versuch nicht aufbauen, wenn du nur zwei IC-Bauplatten hast, denn du brauchtest eigentlich drei verschiedene ICs. Im Versuch 16 hast du allerdings herausgefunden, wie sich aus der Kombination von NICHT- und ODER-Logik-Gattern ersatzweise eine UND-Verknüpfung bauen läßt.

Man ersetzt nun in der Logik für die „gesunden“ Entscheidungen das UND-Gatter durch diese Kombination. Dabei kommt es an einer Stelle zur „doppelten Verneinung“, weil zwei INVERTER hintereinander liegen.

Beide INVERTER kann man deshalb weglassen. Und so bleibt schließlich die folgende Schaltung übrig. Prüfe die Logik mit den beiden ICs 74 HC 32 und 74 HC 04 nach. Um dir den komplizierten Aufbau zu erleichtern, sind alle Anschlüsse wieder mit den Nummern der IC-Beinchen beschriftet, und die Gatter des ICs 74 HC 32 sind zusätzlich schraffiert dargestellt.

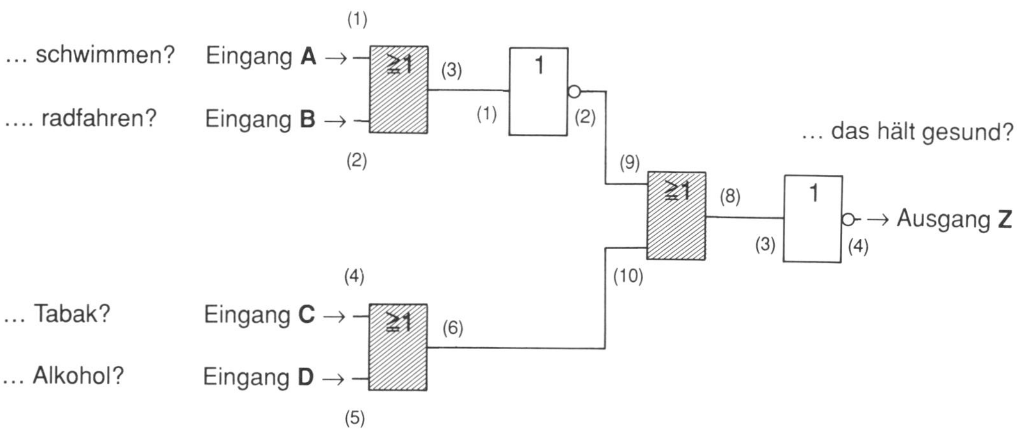

Versuch 18:
Hier findest du wieder eine knifflige Schaltung.
Bei welchen Eingangsbedingungen wird die LED am Ausgang aufleuchten?
Um diese Frage beantworten zu können, schreibst du am besten an den Ausgang eine „1" für das *high*-Signal und verfolgst danach schrittweise rückwärts, welche Bedingungen dazu an den anderen Gattern vorhanden sein müssen. Du wirst bei dieser Schaltung finden, daß es nur drei Eingangszustände gibt, bei denen das Ausgangssignal *high* werden kann.
Welche drei Eingangszustände sind das?

	A	B	C	D
1)	...	...	...	...
2)	...	...	...	...
3)	...	...	...	...

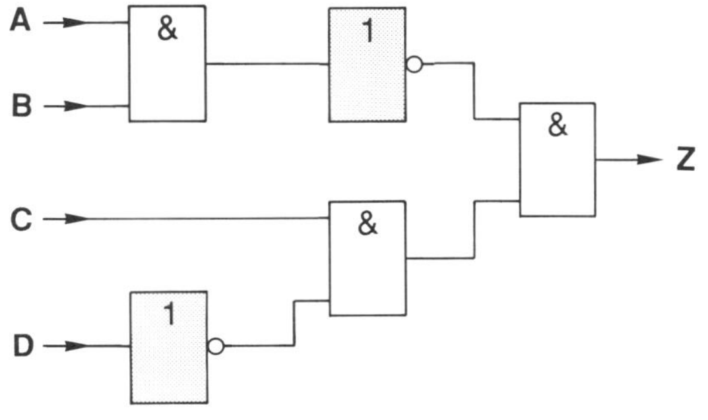

Baue die Schaltung mit den ICs auf, und überprüfe die von dir gefundenen Lösungen. Als Hilfe solltest du dir diesmal selbst die Nummern der IC-Beinchen an die Zeichnung schreiben.

Zu der Schaltlogik würde die folgende Aufgabe passen:
„Frank möchte seinen nächsten Urlaub *nicht* mit seinen Eltern verbringen, sondern lieber allein *oder* mit seinem Freund Markus *oder* mit seiner Freundin Anja, natürlich nicht mit beiden zusammen." Nachdem du die Wahrheitstabelle ausgefüllt hast, kannst du an die Eingänge der Schaltung oben die entsprechenden Namen schreiben: *Frank, Eltern, Markus, Anja.*

Versuch 19:

Für Leute, die ihr Schlüsselbund überall liegenlassen ...
Für den Zugang zum Entwicklungszentrum der Firma ...
Für die Tür zum Tresorraum ...

... braucht man keinen speziellen Schlüssel, wenn man ein **Code-Schloß** benutzt. Das besteht aus mehreren Tasten. Nur die richtige Tastenkombination führt zum Ziel. Fehlbedienung löst einen „stillen" Alarm aus. Die richtige Tastenkombination (der Code) wird zur Sicherheit noch häufig gewechselt. Du kannst mit deinen ICs ein *vereinfachtes Code-Schloß* aufbauen. Die Schaltung hat zwei Ausgänge. Die erste LED zeigt durch ihr Leuchten an: Code ist richtig (= Tür öffnet sich). Die zweite LED zeigt eine Fehlbedienung an (= Code falsch, Alarm wird ausgelöst). Erkläre die Schaltung!

Welches ist der richtige Code für die Tür? Überprüfe das im Versuch.

Als Hilfe sind die Anschlüsse wieder mit den Nummern der IC-Beinchen beschriftet. Lege die fertige Schaltung jemandem vor, der den Schaltplan nicht kennt ...

Nach wieviel Versuchen ist der Code „geknackt"?

Wie läßt sich der Code am einfachsten verändern?

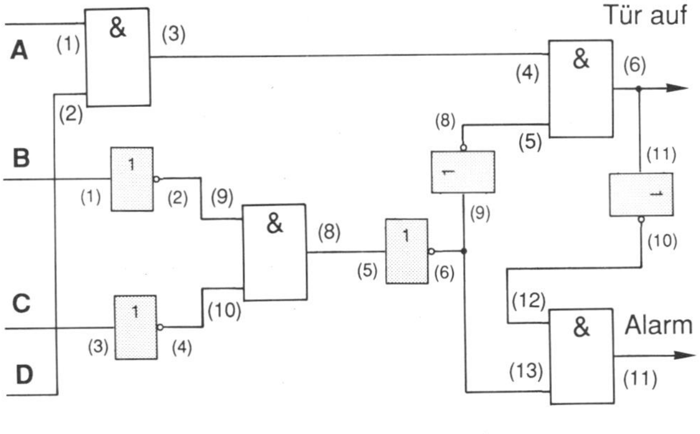

Versuch 20:
Nun lernst du ein neues IC kennen, von dessen Logik-Funktion weltweit mehr Exemplare gefertigt wurden als von all den anderen zusammen, die du schon kennengelernt hast. Setze ein IC vom Typ 74 HC 00 in die Fassung. Verbinde Beinchen 7 mit dem Minuspol und Beinchen 14 mit dem Pluspol. In diesem IC stecken ebenfalls 4 Gatter. Die Beinchen der nicht benutzten Eingänge solltest du mit dem Minuspol verbinden, also die Anschlüsse 4, 5, 9, 10, 12, 13.

Schließe an Beinchen 1 und 2 deine Signal-Eingabe-Tastatur an und an das Beinchen 3 die Signal-Ausgabe. Du sollst nun selbst herausfinden, nach welcher Logik das IC arbeitet.

Schreibe dein Ergebnis hier als Wahrheitstabelle auf:

A	B	Z
0	0	...
0	1	...
1	0	...
1	1	...

Formuliere das Ergebnis in einem Satz:
Der Ausgang eines Gatters im IC 74 HC 00 wird immer dann *high*, wenn ....

....

Die Logik in diesem Gatter entspricht also genau dem *Gegenteil* von einer .... - Logik.

Das IC 74 HC 00 verknüpft die Signale nach der
NAND-Logik.
Ergänze rechts (aus dem Lösungsteil) das entsprechende Schaltzeichen für eine solche Logik.
Erkläre, aus welchen Elementen sich das Schaltzeichen zusammensetzt.
Aus welchen beiden englischen Wörtern ist der Name einer solchen Logik zusammengesetzt?

....

Nach einer solchen NAND-Logik entscheidet sich z. B., ob ein Schüler einen Tadel zu erwarten hat:
Eingang **A**: Hausaufgaben gemacht?
Eingang **B**: Hausheft auch eingesteckt?
Ausgang **Z**: Tadel zu erwarten?

Versuch 21:
Wenn du dir die Wahrheitstabelle für eine NAND-Logik anschaust, dann müßtest du das Ergebnis dieses Versuchs bereits vorhersagen können. Verbinde die beiden Eingänge eines NAND-Gatters untereinander.

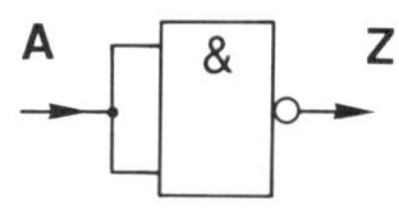

Wann ist das Ausgangssignal *high*, wann *low*? Um welche Logik handelt es sich jetzt?

Lösung: ....

Versuch 22:
Schalte nun einen solchen (aus einer NAND-Logik aufgebauten) INVERTER hinter ein Gatter mit normaler NAND-Logik. Überlege vorher: Was müßte dabei herauskommen?

Deine Vermutung: eine .... - Logik.
Prüfe jetzt deine Vermutung mit folgendem Versuchsaufbau nach.

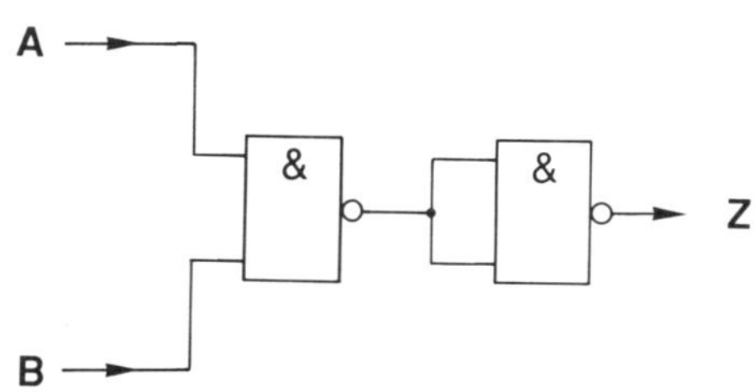

Versuch 23:
Verbinde drei logische NAND-Gatter so wie auf der Abbildung unten. Prüfe, nach welcher Logik die Eingangssignale A und B verknüpft werden.
Ergebnis: Aus den drei NAND-Gattern

ist eine .... - Logik entstanden.

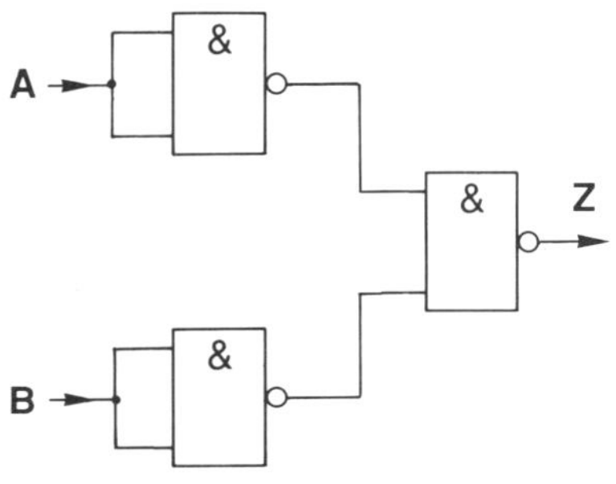

Versuch 24:
Nach dem letzten Versuch ist es dir bestimmt möglich, aus vier NAND-Gattern eine Logik aufzubauen, die man im Englischen die NOR-Logik nennt. Das Wort ist zusammengesetzt aus *not* und *or.*
Ergänze das Schaltzeichen für eine NOR-Verknüpfung, fülle die Wahrheitstabelle aus.

NOR - Verknüpfung

A	B	Z
0	0	...
0	1	...
1	0	...
1	1	...

Zeichne hier unten hin, wie du aus vier NAND-Gattern eine NOR-Verknüpfung erzeugt hast.

Versuch 25:
„Wir wollen in Spanien *oder* in Griechenland Urlaub machen." „Bei Regen *oder* bei Nebel muß man langsam fahren." Nur einer dieser Sätze enthält die dir bekannte ODER-Logik. In dem anderen Satz steckt dagegen eine ENTWEDER-ODER-Logik (engl. **EX**CLUSIVE **OR** = EXOR = XOR). In welchem Satz?

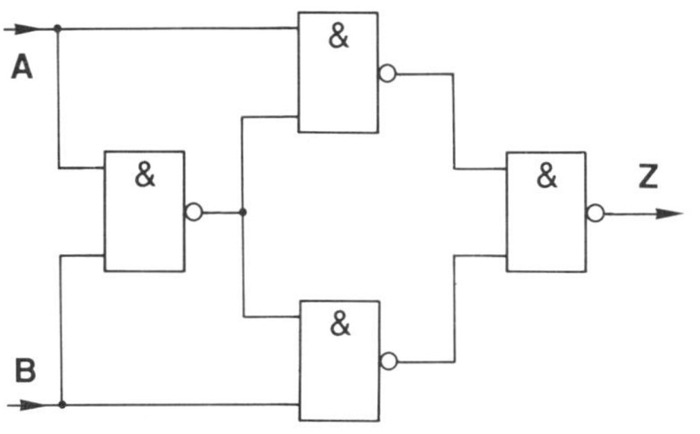

Mit obiger Schaltung kannst du diese EXOR-Verknüpfung aus deinem NAND-IC 74 HC 00 aufbauen.

Stelle anschließend die Wahrheitstabelle auf, und beschreibe den Unterschied zwischen der OR- und der EXOR-Verknüpfung!

EXOR - Verknüpfung

A	B	Z
0	0	...
0	1	...
1	0	...
1	1	...

Erkläre das Symbol dieses Schaltzeichens im Unterschied zu dem eines ODER-Gatters!

Aufgabe:
Entscheide, ob es sich um ODER- oder EXOR-Verknüpfungen handelt.
a) Karin soll aufs Gymnasium oder auf eine Realschule gehen.
b) Bei unserer Firma wird jeder eingestellt, der klug oder fleißig ist.
c) Wir überlegen noch, ob wir uns einen Opel oder einen Ford kaufen sollen.

Konrad Zuse baute seine ersten Computer ganz ohne Elektronik. Er benutzte nur elektromechanische Bauteile, also Taster, Schalter und vor allem Relais. Die folgende Abbildung zeigt dir die Schaltzeichen solcher Teile. Mit denen kannst du eine logische Verknüpfung herstellen.

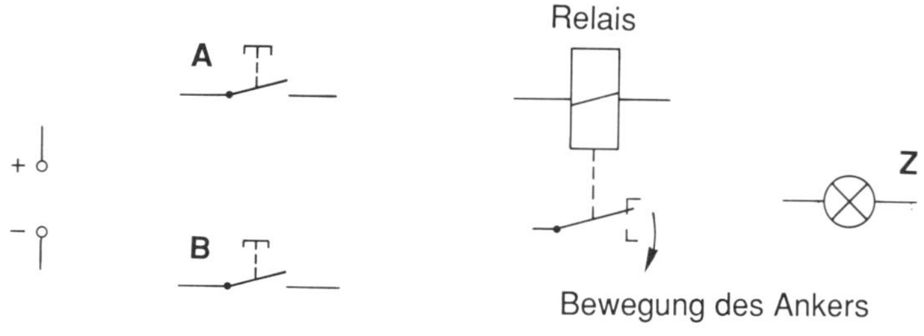

Aufgabe:
Die beiden Taster sind die Eingänge A und B; die Lampe zeigt den Zustand am Ausgang Z an. Zeichne mit einem Bleistift die Verdrahtung so ein, daß eine Schaltung entsteht, die der NAND-Logik entspricht: Die Lampe soll nur dann *nicht* leuchten, wenn *beide* Taster gleichzeitig gedrückt sind.

Um deine kleinen, grauen Gehirnzellen etwas zu beschäftigen, sind die Bauteile absichtlich so angeordnet, daß du die Lösung vielleicht erst auf den zweiten Blick siehst. Du siehst sie sogar schon auf den ersten Blick?

Das ist ja Spitze! Schaffst du es auch, daß sich die Leitungen nicht überschneiden?

Versuch 26:
Nun kommt wieder etwas zum Knobeln. Die folgende Schaltung läßt sich mit den vier NAND-Gattern eines ICs vom Typ 74 HC 00 aufbauen. Sie gehört zu folgender logischer Aussage:

Eine Familie (Vater, Mutter, Sohn) macht Urlaub an der Küste, wo man ein kleines Segelboot mietet. Vater traut es sich zu, das Boot alleine zu führen. Das ist gar nicht so einfach, denn er muß außer Großsegel und Ruder auch noch die Fock bedienen (das ist das kleine Vorsegel). Mutter segelt grundsätzlich nur, wenn ihr Mann mit auf dem Boot ist. Und der Sohn ist noch so klein, daß er überhaupt nur mit aufs Boot darf, wenn beide Eltern dabei sind.

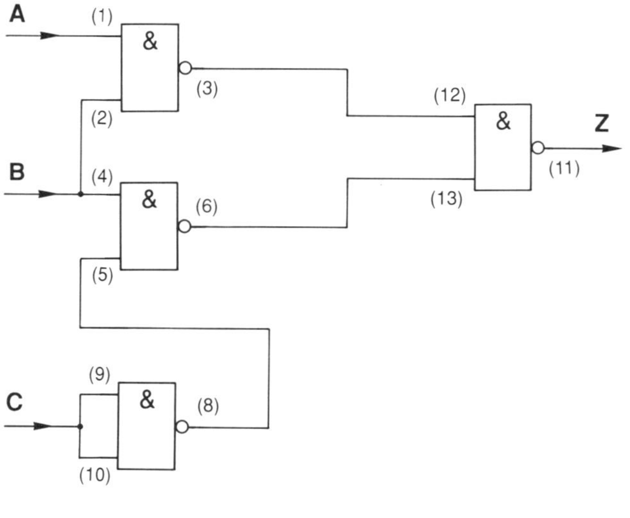

Welcher der drei Eingänge in der nebenstehenden Schaltung gehört zu Vater, Mutter, Sohn?

Die LED am Ausgang Z soll zeigen, ob gesegelt werden darf.

Baue die Schaltung auf und überprüfe, ob sie die geforderten Bedingungen erfüllt.

Signal - Diagramme

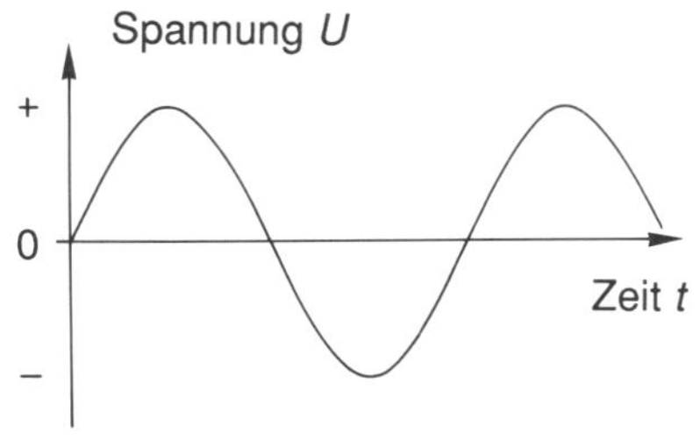

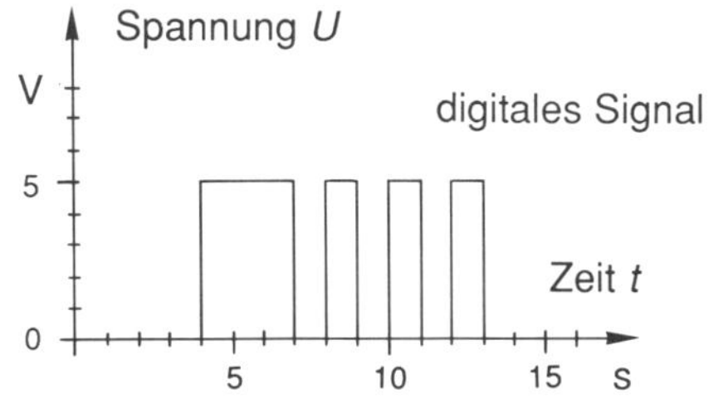

Die Kurve oben kennst du bestimmt. Sie zeigt den Spannungsverlauf beim *Wechselstrom*, wie ihn alle Kraftwerke in Deutschland liefern. Dabei wird auf der X-Achse die ablaufende Zeit dargestellt, auf der Y-Achse die Spannung. Diese ändert sich ständig und hat die Form einer sehr gleichmäßigen Welle. Der Fachmann nennt sie eine *Sinuswelle.*

Auch in der folgenden Abbildung kann die jeweilige Spannung ganz unterschiedliche Werte annehmen. Die Spannungskurve ist jedoch gar nicht mehr harmonisch. Das könnte zum Beispiel die Spannung sein, die ein kleiner Gleichstrommotor liefert, wenn man ihn mit der Hand dreht und als Dynamo betreibt. Die Höhe der

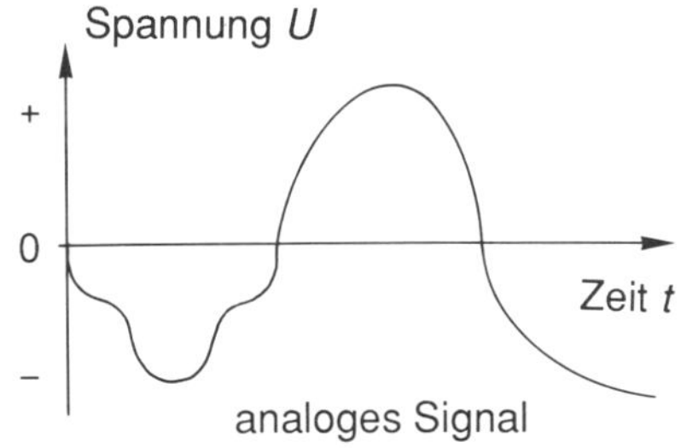

analoges Signal

erzeugten Spannung hängt dabei bekanntlich von der Drehgeschwindigkeit ab, und durch Ändern der Drehrichtung sind selbst negative Werte möglich.

Einen solchen Spannungsverlauf nennt der Fachmann **analog**. Und falls es sich um Signale handelt, die weiterverarbeitet werden sollen, spricht er von analogen Signalen. Alle Mikrofone liefern z. B. solche analogen Signale. Die darf man so keinem Computer anbieten!

Der wüßte mit ihnen nicht viel anzufangen, denn er könnte die vielen unterschiedlich hohen Spannungen nicht zuordnen. Computer erwarten **digitale Signale**, deren Spannung entweder *low* oder *high* ist.

Das Signal oben ist ein solch digitales Signal, dessen zeitlicher Ablauf dargestellt ist: Vier Sekunden nach Beginn der Messung geht der Signalpegel schlagartig auf *high*, bleibt drei Sekunden so und wechselt danach im Sekundentakt zwischen *low* und *high.*

Zeichnet man die Diagramme mehrerer Signale genau untereinander, so kann man selbst deren *Verknüpfung* grafisch darstellen. Das siehst du am Beispiel unten.

Zu bestimmten Zeiten werden die Eingabetasten A und B gedrückt. Deren Signale verknüpft ein IC 74 HC 08 nach der **UND-Logik**. Am Verlauf des Ausgangssignals Z ist das sofort zu erkennen, denn es führt nur dann *high*-Pegel, wenn beide Eingänge gleichzeitig *high* sind.

Aufgabe: Zeichne darunter den Signalverlauf am Ausgang Z ein, wenn die Eingänge A und B nach folgender Logik verknüpft werden: ODER, EXOR, NAND.

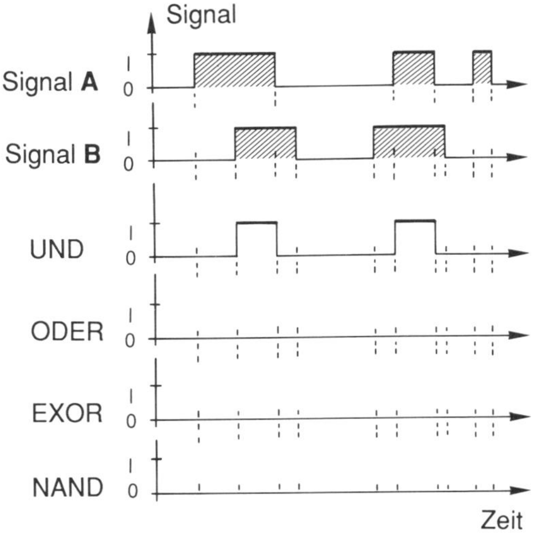

Versuch 27:
Baue eine Schaltung nach der folgenden Abbildung auf. Diesmal darfst du *nicht* die Eingabetasten benutzen! An den Eingängen A und B liegt über die 100-kΩ-Widerstände ein *high*-Signal ≙ ja ≙ 1 an. Benutze als Anzeige des Zustands an den Ausgängen X und Y zwei Leuchtdioden der 4fachen Signal-Ausgabe. Schalte jetzt die Spannung ein. Was beobachtest du?
Berühre anschließend die Eingänge A und B der Schaltung abwechselnd einmal ganz kurz mit einem Kabel, das mit dem Minuspol verbunden ist. Damit legst du für kurze Zeit ein *low*-Signal ≙ nein ≙ 0 an den jeweiligen Eingang.
Dieses Spielchen kannst du beliebig oft wiederholen.

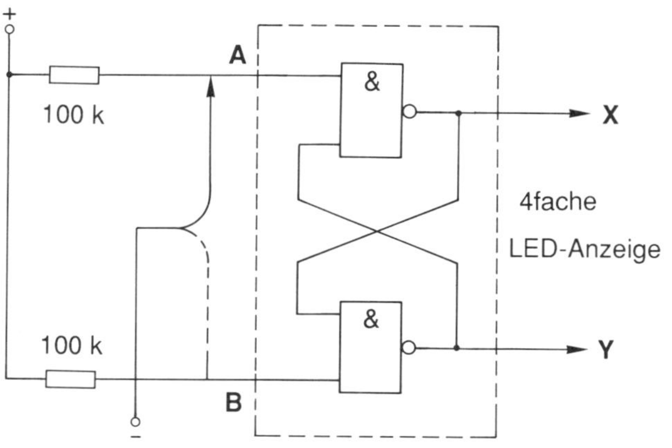

Vielleicht wunderst du dich, warum um die NAND-Gatter ein gestrichelter Kasten gemalt ist. Das wirst du ab jetzt öfter sehen. Der Grund ist folgender: In einer Schaltzeichnung dürfen nur Zeichen von Bauteilen vorkommen. Die NAND-Verknüpfung ist aber selbst *kein Bauteil* (mit Plus- und Minusanschluß), sondern nur ein logisches Symbol. Du mußt für die gestrichelten Kästen jeweils das richtige Bauteil (ein IC) in die Schaltung bauen und auch mit Spannung versorgen.

Der Versuchsaufbau stellt eine **Kippschaltung** dar. In diesem Fall ist es eine mit zwei (lateinisch *bi*) stabilen Zuständen, also eine *bistabile Kippschaltung* oder ein **Flipflop.** Erinnere dich an die mit Transistoren aufgebaute Flipflop-Schaltung, und suche deren Gemeinsamkeiten mit dem Schaltbild oben!
Wie erreichtest du bei den Transistoren das Kippen der Schaltung?

Mit einem solchen Flipflop lassen sich selbst ganz kurze Eingangssignale dauerhaft und völlig mogelsicher speichern. Dies wird z. B. in dem Geschicklichkeitsspiel „Zitterhand" auf der folgenden Seite ausgenutzt.
Außerdem benutzt man solche Flipflops bei der Signal-Eingabe für elektronische Zähler. Mogeln kann nämlich nicht nur der Mensch, oft mogeln sogar elektronische Bauteile wie Taster und Schalter. Ab Versuch 39 wirst du selbst solche mogelsicheren Eingabetasten benötigen. Der Fachmann nennt sie *prellfreie Tasten.*

Du hast in diesem Versuch beobachtet, wie man über die beiden Eingänge z. B. den Ausgang X des Flipflops entweder auf 0 (= **R**ESET) oder auf 1 (= **S**ET) bringen kann. Man spricht deshalb auch von einem **RS-Flipflop**. Frühe Computer verwendeten solche aufwendigen Flipflops als „Gedächtnis", als Speicher für das Signal 0 oder 1. Du weißt vermutlich schon, daß ein Computer alle Ziffern, Zeichen, Texte und Befehle nur in Form dieser beiden Signale speichert und verarbeitet. Tippst du auf einem Computer z. B. den Buchstaben „e", dann macht dessen Elektronik daraus „ 0110 0101 ". Nur diese aus zwei Ziffern bestehende Zahl kann der Computer verarbeiten. Tippst du eine „8", so wird im Computer daraus „0011 1000".

Versuch 28 **Bauanleitung für ein Spiel: Zitterhand**

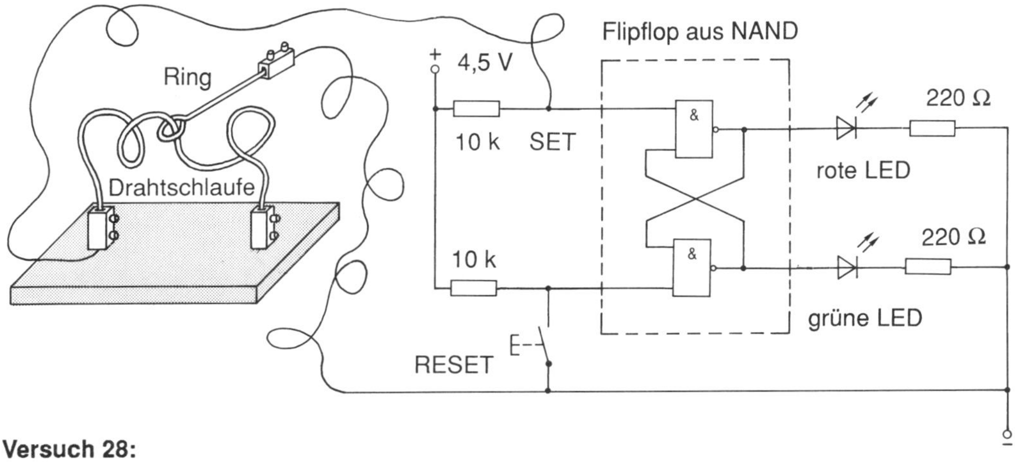

Versuch 28:
Die Zeichnung oben zeigt dir ein mogelsicheres Spiel. Es heißt **Zitterhand,** denn man braucht ein ganz ruhiges Händchen, wenn man die Drahtschlaufe nicht berühren will ...

Zwei NAND-Gatter sind zu einem RS-Flipflop verschaltet:
Die grüne LED leuchtet, wenn das Spiel begonnen werden kann. Die rote LED zeigt an, daß der Spieler leider doch gezittert und dabei mit dem *Drahtring* die *Drahtschlaufe* berührt hat (= SET). Der Taster setzt anschließend das Flipflop zurück (= RESET), und der Spieler kann sein Glück aufs neue probieren.

Zuerst solltest du das Spiel mit der IC-Grundplatte aufbauen und testen.
Anschließend kannst du es komplett auf einer Streifenplatine verlöten. Wie du dort die Bauteile am besten anordnest, das zeigt dir Bild 2. Du brauchst folgende **Bauteile**:

1 Streifenplatine ca. 8 x 3 cm groß, Typ 2,5 mm (also mit Kupferbahnen, die so eng nebeneinander liegen wie die Beinchen eines ICs),
1 IC Sockel mit 14 Anschlüssen,
1 IC 74 HC 00 (vorübergehend kannst du das bisher benutzte dafür nehmen),
2 Widerstände 220 Ω,
2 Widerstände 10 kΩ,
1 rote LED,
1 grüne LED,
1 EIN-Taster,
Kupferdraht für Schlaufe und Ring (ca. 1 mm Ø, als Abfall vom Elektriker)

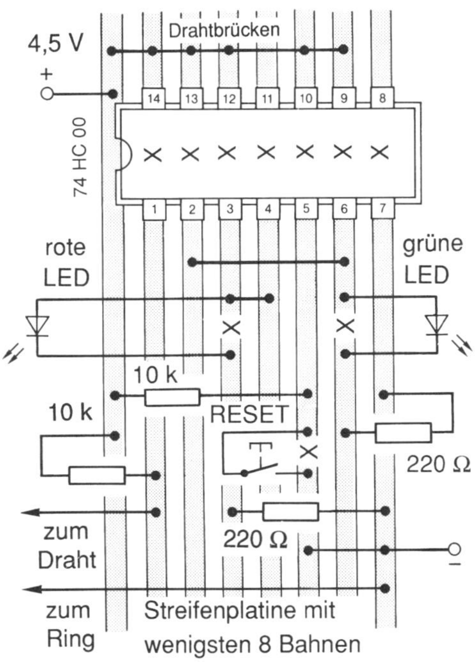

Löte zuerst den Sockel ein, anschließend alle weiteren Bauteile und Leitungsbrücken.

Das Wichtigste: Trenne unter dem IC-Sockel und unter den Bauteilen die Kupferbahnen an den mit **X** gekennzeichneten Stellen! Überprüfe deine Arbeit, bevor du das IC 74 HC 00 einsetzt und die Stromversorgung anschließt. Viel Spaß beim Spielen – im Wettbewerb nach Zeit!

Versuch 29:
Für dieses Flipflop benötigst du alle 4 Gatter im IC 74 HC 00. Diesmal kannst du auch die ganz normalen Signal-Eingabe- und -Ausgabe-Bausteine verwenden. Benutze bitte die Tasten C und D zur Eingabe. Du darfst sogar beide Eingabetasten gleichzeitig drücken.

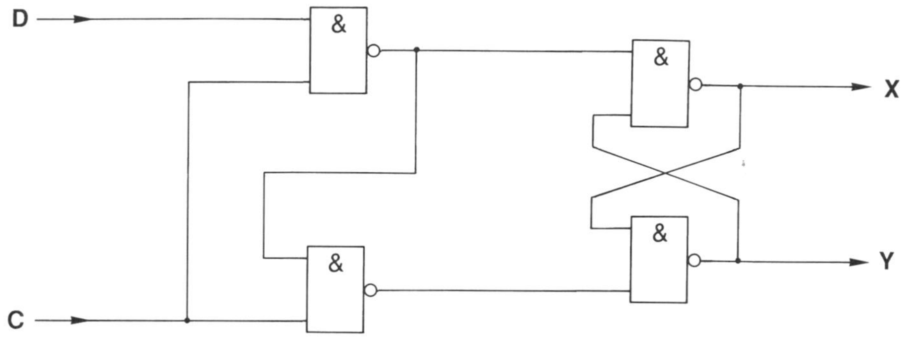

Baue die Schaltung auf und erprobe durch „Spielen", wann das Flipflop umschaltet.
Der Fachmann nennt eine Schaltung mit diesem Verhalten ein **D-Flipflop**. Mit dem D ist das englische Wort *delay* abgekürzt. Schau im Lexikon nach:

delay bedeutet ....

Überlege dir, was der Name über dieses Flipflop aussagt.

Versuch 30:
Auch diesmal ergibt der Schaltungsaufbau ein Flipflop. Du hast aber sicher sofort bemerkt, daß es *drei* Eingänge gibt. Benutze wie im letzten Versuch die normalen Ein- und Ausgabe-Bausteine. Aber Vorsicht: Drücke niemals alle drei Tasten gleichzeitig!

Prüfe nun durch „Spielen": Was hat es mit dem Eingang C auf sich?

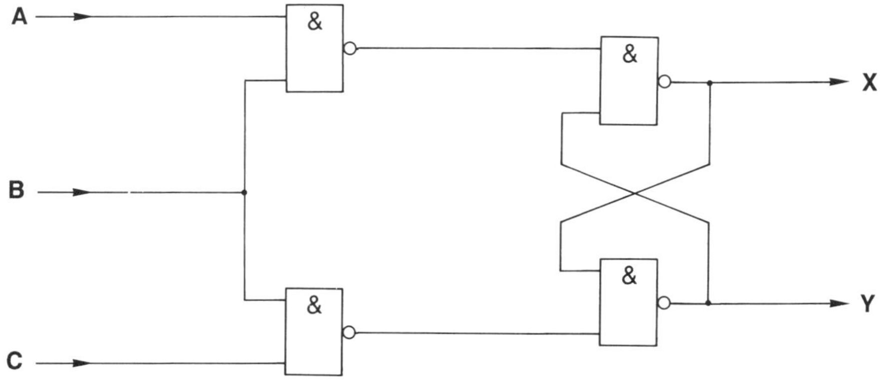

Dieses Flipflop kippt immer dann, wenn ....

....

Der Fachmann nennt einen solchen Aufbau ein **RS-Flipflop mit Zustandssteuerung.**

Versuche 31 + 32 **T-Flipflop und Signal-Umformer**

Versuch 31:
Erinnerst du dich an die Transistorschaltung, die ein Stromstoß-Relais ersetzen konnte? Mit einem einfachen EIN-Taster konnte man damit immer im Wechsel einen Transistor durchsteuern oder sperren lassen.

Für eine Lampe im Arbeitsstromkreis bedeutete das: Einmal den Taster drücken = ein; nochmal drücken = aus; erneut drücken = ein ...

Der Fachmann bezeichnet diese Schaltung als ein **T-Flipflop**.

Das **T** steht als Abkürzung für das englische Wort *toggle* = umkippen.

Baue die folgende Schaltung auf, teste ihre Funktion und erkläre sie.

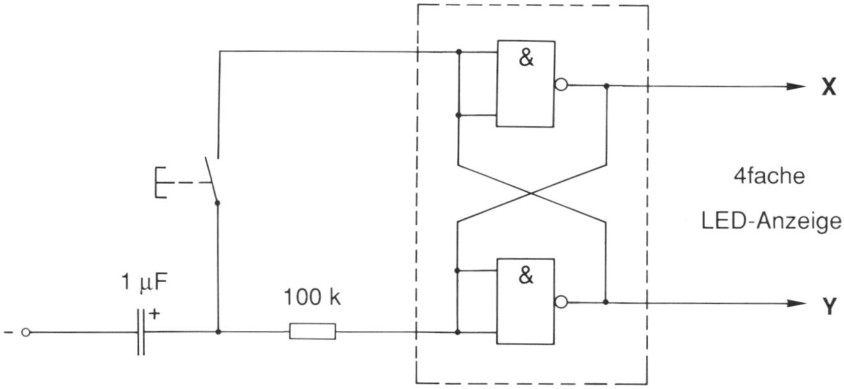

Versuch 32:
In dem rechten Teil der Schaltung unten erkennst du sicher das RS-Flipflop wieder. Doch diesmal kippt die Schaltung nicht beim Wechsel des Eingangssignals vom Spannungswert *low* zum Wert *high,* sondern ...

Das sollst du selbst herausfinden! Mit dem Potentiometer (Poti) kannst du beliebige Spannungswerte zwischen *low* und *high* an den Eingang legen. Das Voltmeter zeigt dir diese Eingangsspannung genau an. Drehe den Stellknopf des Potis langsam hin und her.

Bei dieser Spannung beginnt die LED am Ausgang schlagartig zu leuchten: U_{ein} = ... V

Bei dieser Spannung geht die LED ebenso plötzlich wieder aus: U_{aus} = ... V

Die Eingangsspannung am Poti kann beliebig schwanken. Die Schaltung formt dieses *analoge Signal* am Eingang in ein sauberes, *digitales Signal* am Ausgang um.

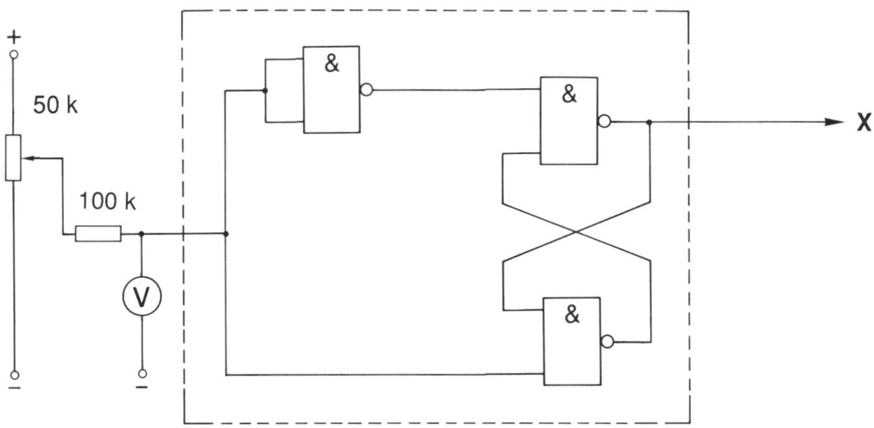

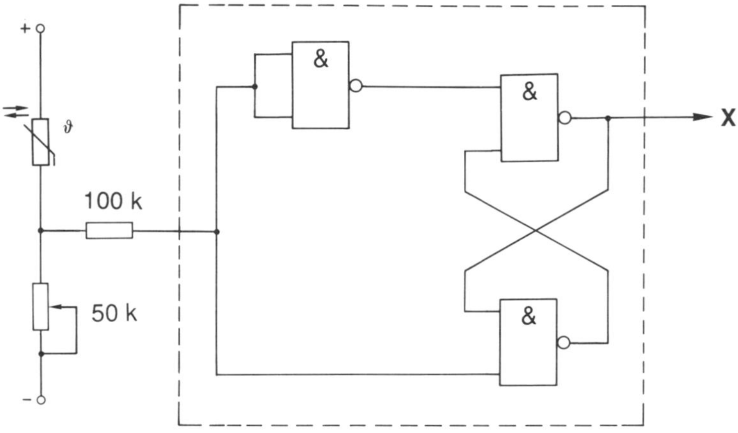

Versuch 33:
Nicht nur bei Computern benötigt man Signale mit den exakten Spannungswerten *low* oder *high,* sondern auch an anderen Stellen in der Technik.

Beispiel: Ein elektronischer Feuermelder soll von einem Heißleiter (= NTC-Widerstand) angesteuert werden. Der verkleinert bekanntlich seinen Widerstandswert stufenlos mit ansteigender Temperatur. Ein solches sich gleichmäßig änderndes Signal nennt man **analog** (lateinisch *analogia* = Gleichförmigkeit). Die Sirene des Feuermelders soll jedoch *nicht* stufenlos eingeschaltet werden; also ein bißchen Alarm bei 40 °C und mehr Alarm bei 55 °C. Der Feueralarm soll vielmehr genau bei 55 °C ausgelöst werden, und das erfordert natürlich ein **digitales** Signal.

Schon im Versuch 32 hast du gesehen, wie eine elektronische Schaltung das analoge Signal in ein digitales umwandelt. Der Fachmann bezeichnet dies als eine **Schmitt-Trigger**-Schaltung.

Sieh im Lexikon nach, was das englische Wort *trigger* bedeutet:

....

Eine solche Schaltung liefert bei allmählich ansteigender Eingangsspannung ab einem ganz bestimmten *oberen Grenzwert* immer das Spannungssignal *high* an ihrem Ausgang.

Sinkt die Eingangsspannung nachher langsam ab, so schaltet der Schmitt-Trigger wieder bei einem ganz bestimmten *unteren Grenzwert* den Ausgang auf *low.*

Man bezeichnet den Schmitt-Trigger deshalb auch als einen **Grenzwertschalter** oder **Schwellenwert-Schalter.**

Baue eine Schaltung nach dem Bild oben auf, und verstelle das Poti so, daß die LED am Ausgang gerade *nicht* leuchtet. Wenn du anschließend den NTC-Widerstand vorsichtig erwärmst (anfassen, anhauchen), so wird die LED plötzlich aufleuchten. Auch diesmal kannst du mit einem Voltmeter die Änderung des Eingangssignals verfolgen.

Als Besonderheit hast du schon im letzten Versuch gemessen: Die Grenzwerte sind nicht gleich.

Steigt die Eingangsspannung an, so schaltet der Schmitt-Trigger z. B. bei 2,8 V ein. Eine weitere Erhöhung der Eingangsspannung ändert nichts mehr. Sinkt die Eingangsspannung später ab, so schaltet der Schmitt-Trigger z. B. erst bei 2,4 V wieder aus. Dieses Schaltverhalten bezeichnet der Fachmann als die **Hysterese**.

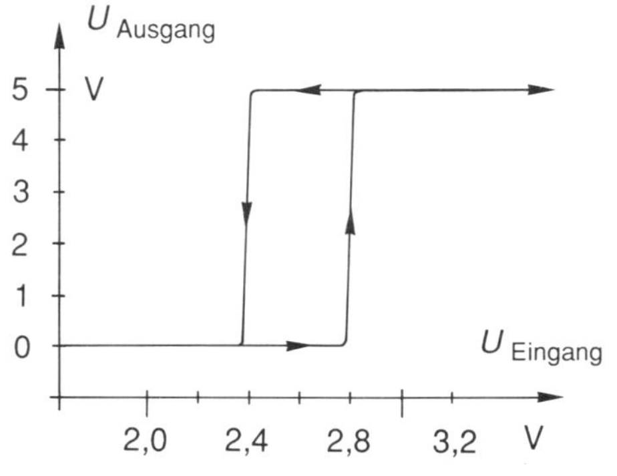

Lichtschranke und Monoflop

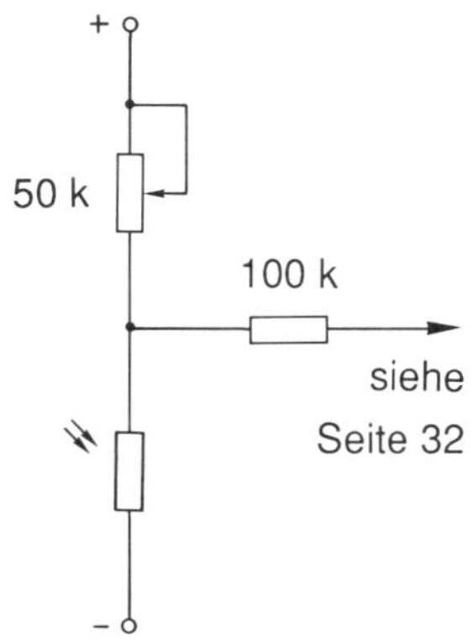

1

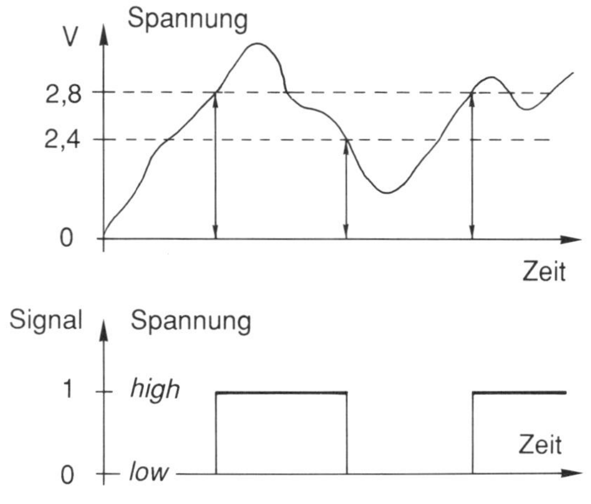

2

Versuch 34:

Ähnlich wie ein Heißleiter liefert ein Fotowiderstand ebenfalls ein analoges Signal, denn sein Widerstandswert verkleinert sich stufenlos bei zunehmender Helligkeit. Wiederum soll eine Schmitt-Trigger-Schaltung daraus ein digitales Signal machen (Bild 1).

Dadurch entsteht eine **Lichtschranke:** Immer wenn ein Schatten auf den LDR fällt, soll die LED am Ausgang angehen.

Teste die Schaltung bei unterschiedlichen Lichtverhältnissen.

Bild 2 zeigt oben den analogen Spannungsverlauf, wie ihn ein Sensor (Heißleiter oder Fotowiderstand) bei unterschiedlichen Bedingungen liefert.

Darunter ist das digitale Signal gezeichnet, das der Schmitt-Trigger daraus macht.

Mit solchen umgeformten Signalen wirst du in späteren Versuchen digitale Zählwerke ansteuern, die z. B. anzeigen können, wie oft ein Schatten auf die Lichtschranke gefallen ist.

Versuch 35:

Baue eine Schaltung nach Bild 3 auf, und teste ihre Funktion, indem du den Eingang A wiederum mit einem Kabel berührst, an dem ein *low*-Signal liegt (also eine Verbindung zum Minuspol). Benutze auch Kondensatoren mit größerer oder kleinerer Kapazität.

Erkläre den Namen der Schaltung: monostabile Kippschaltung oder **Monoflop:**

Die Schaltung heißt Monoflop, weil ....

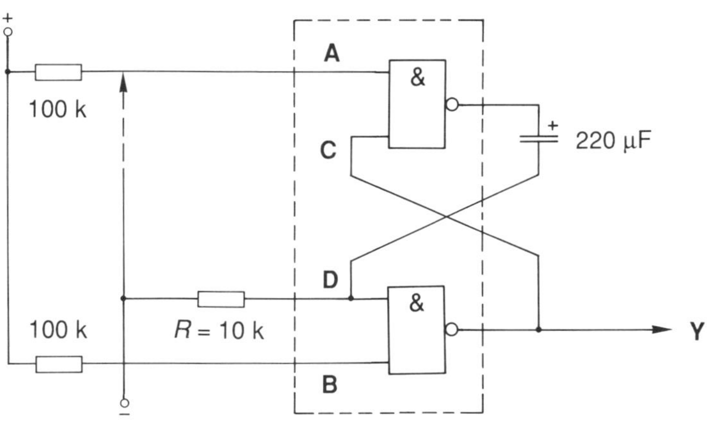

3

Versuch 36:
Der folgende Versuchsaufbau hat keinen stabilen Zustand mehr, man bezeichnet ihn deshalb auch als *unstabile Kippschaltung* oder *astabilen* **Multivibrator** (lateinisch *multus* = zahlreich, vielfach; *vibrator* = Schwinger).

Wenn du eine andere Kippfrequenz erzielen möchtest, solltest du die Kapazität der Kondensatoren verändern, nicht jedoch den Wert der Widerstände!

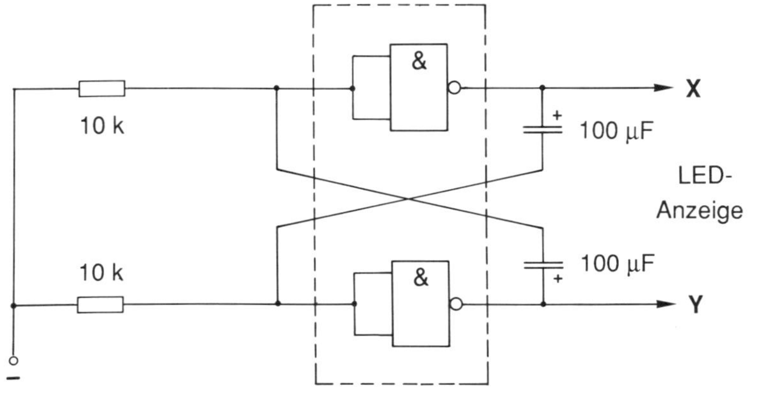

Suche Gemeinsamkeiten dieser Schaltung mit der aus einzelnen Transistoren aufgebauten Kippschaltung, wie sie z. B. als Blinklicht verwendet wird. Bedenke, daß auch jede einzelne Transistorschaltung einen Eingang (vor der Basis) und einen Ausgang (am Kollektoranschluß des Transistors) hat. Woran kannst du sofort die Multivibrator-Schaltung erkennen?

....

Versuch 37:
Diese Schaltung ergibt einen neuen Multivibrator, der insgesamt weniger Bauteile aufweist als das Modell oben. Allerdings blinkt hier nur *eine* Leuchtdiode. Der Fachmann nennt dies einen **Pierce-Oszillator** (lateinisch *oscillare* = sich schaukeln).

Das Blinken der LED kannst du mit einer Taste der 4fachen Signal-Eingabe starten und stoppen. Solche Schaltungen benutzt man in der Elektronik, um z. B. Zählwerken für eine bestimmte Zeit viele einzelne Impulse zuführen zu können. Auch du wirst schon bald Versuche durchführen, wo du einen solchen **Taktgeber** benötigst.

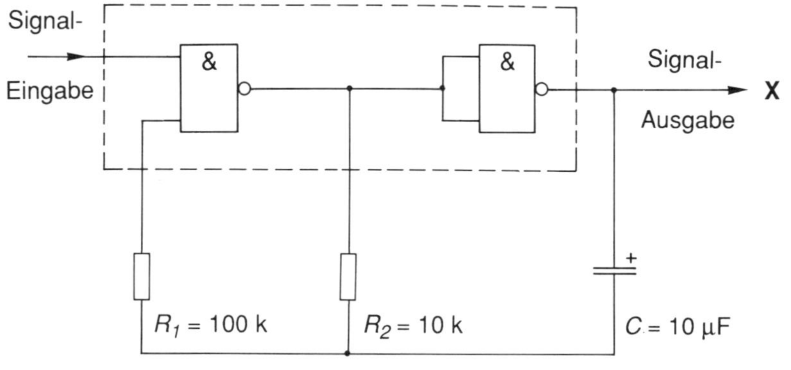

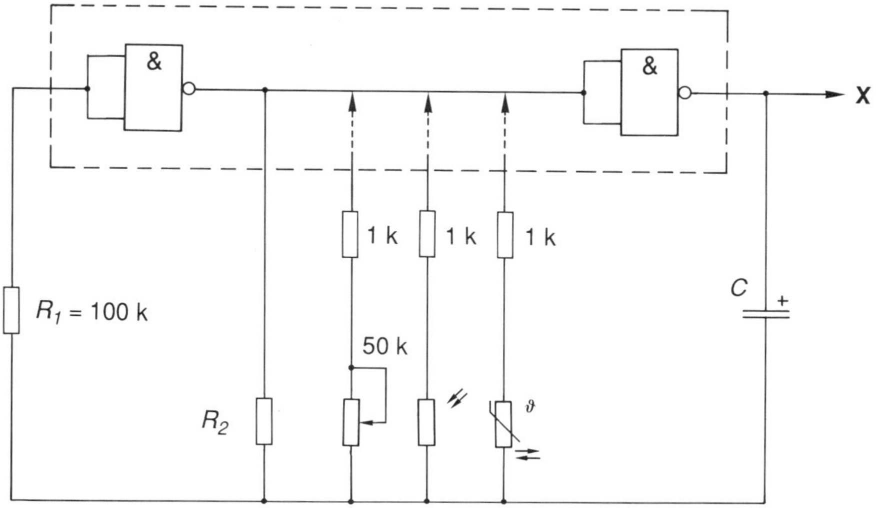

R_2 tauschen gegen Poti, LDR, NTC...

Versuch 38:
Diesen Pierce-Oszillator kennst du schon aus dem Versuch 37. Die Schwingungen werden nun aber nicht mehr über eine Taste ein- und ausgeschaltet. Jetzt schwingt der Oszillator immer.

Bei einer Schaltung mit den eingezeichneten Widerstands- und Kondensatorwerten muß die Leuchtdiode auf der 4fachen Signal-Ausgabe schnell blinken. Nun kannst du dieses **Blinklicht** auf vielfache Weise abwandeln, nur den linken Widerstand R_1 = 100 kΩ solltest du *bitte nicht verändern.*

Tausche zuerst den Kondensator gegen einen mit größerer Kapazität aus (z. B. C = 100 µF). Was beobachtest du?

....

Tausche anschließend den Widerstand R_2 gegen einen kleineren Wert (z. B. 1 kΩ). Ergebnis:

....

Baue einen Kondensator mit kleinerer Kapazität ein (z. B. 0,1 µF), und tausche den Widerstand R_2 wieder gegen den Wert 10 kΩ aus. Das Blinken der LED ist so schnell, daß du es nicht mehr sehen kannst. Schalte parallel zur LED der Signal-Ausgabe einen **Telefon-Hörer**!

Der Multivibrator ist nun wieder zu einem Tongenerator geworden. Das kennst du sicher noch aus früheren Versuchen mit Transistor-Grundschaltungen. Die Tonhöhe wird bestimmt von

....

Wenn du die Kapazität des Kondensators nicht mehr veränderst, dann bestimmt in der Schaltung oben der Widerstand R_2 die Höhe des erzeugten Tons. Willst du schnell *verschiedene Töne* erzeugen, dann kannst du als R_2 einen Festwiderstand von 1 kΩ und in Reihe dazu ein **Potentiometer** mit 50 kΩ schalten.

Tausche anschließend das Potentiometer gegen einen **Fotowiderstand** (LDR). Jetzt hängt die Tonhöhe von Lichteinfall und Schatten ab. Die Schaltung wird zur *Nervensäge.*

Ersetze nun R_2 durch einen **Heißleiter** (NTC-Widerstand). Der Kondensator sollte weiterhin die Kapazität C = 0,1 µF haben. Jetzt hängt die Tonhöhe von der Temperatur am NTC ab.

Bist du etwa zur Zeit gerade verliebt? Dann sind deine Hände sicher besonders heiß ...

Die Schaltung ist zu einem einfachen akustischen **Liebesthermometer** geworden.

Die ersten Computer

1

Den ersten Computer der Welt entwickelte 1938 der deutsche Bauingenieur *Konrad Zuse.* Er feilte aus Eisenblech und lötete aus Altmaterial der Post ganz alleine Rechenautomaten zusammen, die er Z1 und Z2 nannte. Doch erst das Nachfolgemodell, genannt **Z3** und gebaut 1941, lief völlig ohne Fehler. Es besaß 600 Relais im Rechenwerk und 1400 Relais im Speicherwerk (Bild 1). Das Rechenprogramm speicherte Zuse auf einem Kinofilmstreifen, den er mit Löchern versah: Ein Loch entsprach dem Signal *ja* ≙ 1, und kein Loch entsprach dem Signal *nein* ≙ 0.

Auf das Ergebnis einer Multiplikation von zwei siebenstelligen Dezimalzahlen mußte Konrad Zuse etwa vier Sekunden warten, während laut klappernd die vielen Relais rechneten. Glühlämpchen zeigten das Ergebnis an.

Zuse, der in den Henschel-Flugzeugwerken arbeitete, konnte so komplizierte, immer wiederkehrende Berechnungen seinem „Rechenautomaten" überlassen. Doch im Bombenhagel des 2. Weltkriegs wurden alle Zuse-Maschinen zerstört. Ihre Nachbauten stehen heute im Deutschen Museum in München.

In Amerika nahm der Mathematiker *Howard Aiken* 1944 ebenfalls einen mit Relais arbeitenden Rechenautomaten in Betrieb. Aiken hatte fünf Jahre an seinem Modell **Mark I** gebaut. Im Vergleich zu Zuses Maschinen war Mark I ein echter Riese: Er war 16 m lang, 2,50 m hoch und wog 35 Tonnen (Bild 2). In dem Rechner steckten mehr als 700 000 Einzelteile, darunter 2600 Relais, 3000 Kugellager und 80 km Leitungsdraht.

Die Marine berechnete mit diesem Rechner die Flugbahnen ihrer Artilleriegeschosse. Aikens Maschine bekam die Steuerbefehle von einem Lochstreifen aus Papier (8 Spuren für das Rechenprogramm und 16 als Zahlenspeicher).

2

Mark I benötigte für die Addition von zwei zehnstelligen Dezimalzahlen 0,3 Sekunden, für die Multiplikation 6 und die Division ca. 11 Sekunden.

Du möchtest wissen, wie eine Relais-Schaltung überhaupt etwas behalten, also „speichern" kann? Eine solche Schaltung zeigt dir Bild 1. Mit dem Taster A gibt man die Information (ja ≙ 1) in die Schaltung hinein, und mit dem Taster B kann man sie wieder löschen (nein ≙ 0). Zwischendurch speichert das Relais die eingespeicherte Information 0 oder 1.

Aufgabe: Erkläre, wie die Relais-Schaltung auf Bild 1 funktioniert.

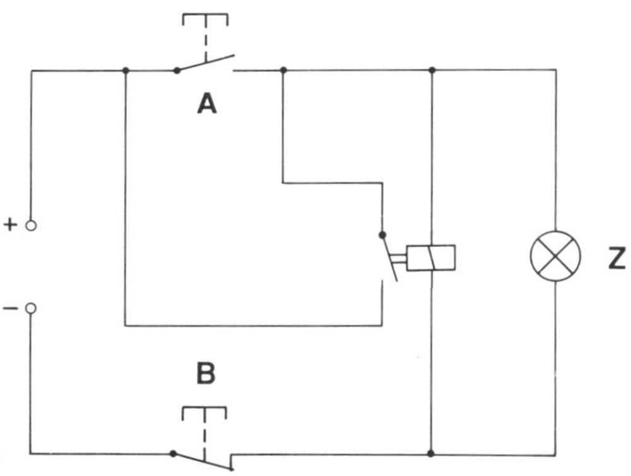

1

Nun hat leider jeder Relais-Rechner den großen Nachteil, daß die sich bewegenden Anker und schließenden Kontaktzungen die Rechengeschwindigkeit stark begrenzen. Außerdem nutzen sich die mechanischen Kontakte mit der Zeit ab.

Deshalb wurde in den USA ab 1943 versucht, die Relais durch die viel schnelleren *Elektronenröhren* zu ersetzen. Solche Röhren steckten damals in jedem Radio. Mit Unterstützung des amerikanischen Verteidigungsministeriums entwickelten *Eckert* und *Mauchly* bis 1945 ihren ***E**lectronic **N**umerical **I**ntegrator **A**nd **C**alculator*, kurz **ENIAC** genannt. Bis die Maschine jedoch fehlerfrei arbeitete, vergingen weitere zwei Jahre. ENIAC war der erste vollelektronische Rechner der Welt, und er rechnete 2000mal schneller als seine elektromechanischen Vorgänger. Als Speicher benutzte ENIAC die schon 1919 (von *Eccles* und *Jordan*) erfundene Flipflop-Schaltung mit je zwei Röhren.

2

Im ENIAC steckten 70 000 Widerstände, 10 000 Kondensatoren und 18 000 Röhren, deren Glühdrähte ständig Wärme abgaben. ENIAC erzeugte so viel Wärmeenergie wie 170 Bügeleisen, und er besaß deshalb eigene „Schornsteine". Der Rechner (Bild 2) stand auf einer Grundfläche von 140 Quadratmetern, und er rechnete genau wie du (und somit im Gegensatz zu modernen Computern) noch mit Dezimalzahlen.

Ende 1947 wurde der Transistor erfunden, ebenfalls in USA. Dieses kleine Bauteil löste nicht nur in den Radios die großen und „stromfressenden" Elektronenröhren ab. 1955 lief der erste **Tra**nsistor-**Di**gital-**C**omputer, abgekürzt **TRADIC**. Seine 800 Transistoren und 11 000 Dioden erforderten zum Betrieb eine Leistung von nur 100 Watt. TRADIC hatte die Größe eines Kleiderschranks (Bild 3) und verwendete nur *duale Zahlen*. Deren Besonderheiten und Vorteile sollst du jetzt kennenlernen.

3

74 HC 193 – ein Zähler-IC   Versuch 39

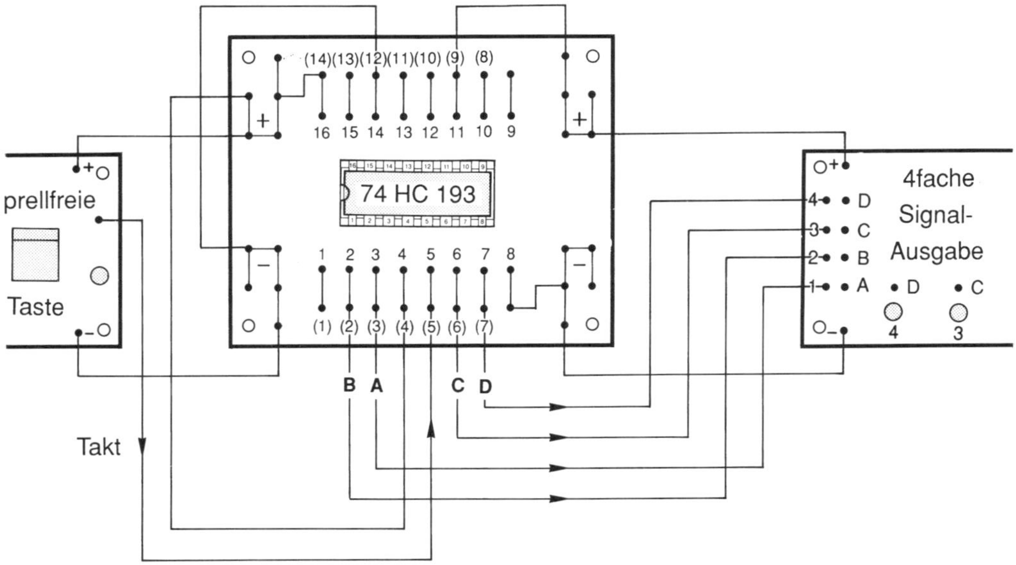

Versuch 39:
Nun kann es losgehen mit den dualen Zahlen, wie Computer sie benutzen. Du wirst gleich sehen, warum ein Computer nicht mal bis zwei zählen kann.

Vorher mußt du jedoch noch einige Bausteine fertigstellen. Du benötigst für die folgenden Versuche eine *prellfreie Eingabetaste*, einen *Taktgeber*, eine *6fache LED-Signal-Ausgabe* und eine *7-Segment-Anzeige*. Was das alles genau bedeutet, wirst du schon bald lernen.

Nun mußt du in eine IC-Grundplatte ein **Zähler-IC** vom Typ 74 HC 193 einsetzen.
Lege die drei Bauplatten „Prellfreie Eingabe", „Zähler-IC" und „4fache Signal-Ausgabe" nebeneinander, und verbinde die durchgehenden oberen Plus- und unteren Minusleitungen miteinander. Die Spannung aber bitte noch nicht einschalten!

Der Minuspol muß noch mit Beinchen 8, der Pluspol mit Beinchen 16 verbunden werden.
Die Beinchen 2, 3, 6 und 7 sind die **Ausgänge** des Zähler-ICs.
Leider geht es dabei nicht der Reihe nach:

Ausgang A liegt am Beinchen 3. Ausgang B liegt am Beinchen 2.
Ausgang C liegt am Beinchen 6. Ausgang D liegt am Beinchen 7.

Du kannst dir das Arbeiten vereinfachen, wenn du auf die IC-Grundplatte an die entsprechenden Anschlüsse kleine Schilder mit den Buchstaben A, B, C, D klebst.
Diese Ausgänge werden nun mit der 4stelligen LED-Signal-Ausgabe verbunden: A an 1, B an 2 usw. Nun verbindest du noch IC-Beinchen 4 und 11 mit dem Pluspol und IC-Bein 14 mit dem Minuspol. Die Anschlüsse 1, 9, 10, 12, 13 und 15 dürfen frei bleiben.

Jetzt kommt der wichtigste Anschluß: Der **Eingang** des Zählers an Beinchen 5. Diesen Eingang mußt du mit den Signalen einer *prellfreien Eingabetaste* ansteuern. Was sich hinter dem Begriff „prellfrei" verbirgt, wirst du bald kennenlernen.

Prüfe noch einmal, ob alle Verbindungen so sind wie auf Bild 1. Klar doch, bei dir auf dem Tisch werden die Kabel nicht so schön rechtwinklig verlaufen wie auf der Zeichnung, und alles wird ein bißchen wuseliger aussehen. Aber das macht ja gerade den Elektronik-Fachmann aus.
Er verfolgt geduldig alle Leitungen und vergleicht sie mit dem Schaltplan. So „blickt er durch".
Der Laie hingegen sieht nur das Kabelgewirr und bestaunt den Fachmann voller Ehrfurcht.

duale Zahlen

Jetzt wird die Stromversorgung an die Schaltung angeschlossen und die prellfreie Taste am Eingang immer wieder gedrückt. Das Zähler-IC zählt diese **Eingangssignale**, und die vier Leuchtdioden zeigen gemeinsam an, wie oft die Taste schon gedrückt wurde. Nun denken die meisten Menschen, vier Leuchtdioden könnten durch ihr Leuchten oder Nichtleuchten nur die Zahlen 0, 1, 2, 3 und 4 anzeigen. Irrtum!
4 Leuchtdioden können 16 verschiedene Zahlen anzeigen, nämlich 0, 1, 2, 3, 4, 5, 6 ... bis 15.

Tippe so oft auf die Eingabetaste, bis alle vier Leuchtdioden aus sind. Jetzt steht der IC-Zähler auf Null.

Gib nun jeweils nur ein Eingangssignal mit der Taste ein, und notiere sofort in der Tabelle, wie die Leuchtdioden A bis D die Zahl anzeigen. Schreibe eine Null (0) in die Tabelle, wenn die LED nicht leuchtet, und einen Strich (I), wenn sie leuchtet.

Genau wie bei unseren mehrstelligen Dezimalzahlen steht die kleinste Stelle (hier A) ganz rechts in der Anzeige, die größte Stelle (hier D) ganz links.

Zahl (dezimal)	Anzeige am Ausgang (dual)			
	D	**C**	**B**	**A**
0	0	0	0	0
1	0	0	0	I
2	0	0	I	0
3	0	0	I	I
4	0	...	...	...
5	...	...	...	...
6	...	...	...	...
7	...	...	...	...
8	...	...	...	...
9	...	...	...	...
10	...	...	...	...
11	...	...	...	...
12	...	...	...	...
13	...	...	...	...
14	...	...	...	...
15	I	I	I	I

Weiter kann unser Zähler nicht zählen; anschließend fängt er wieder von vorne (bei Null) an. Nach einigen Durchgängen wird es dir bestimmt möglich sein, an der LED-Anzeige den aktuellen Zählerstand direkt abzulesen. Du hast ja sicherlich schon bemerkt, daß jede Leuchtdiode einen bestimmten Wert anzeigt. Die LED A zeigt die *Einer* an, die LED B die *Zweier*, die LED C die *Vierer* und die LED D die ....

Auch wir benutzen in unserem Dezimalsystem eine vergleichbare Ordnung: Die rechte Ziffer zeigt immer die *Einer* an, die links davor die *Zehner*, in der nächsten Stelle die *Hunderter*, dann die *Tausender*, die *Zehntausender* usw. Mit jeder neuen Stelle verzehnfacht sich ihr Wert. Deshalb nennen wir unser Zahlensystem ja auch das Zehnersystem – oder nach dem Lateinischen das Dezimalsystem (lat. *decimum* = das Zehnfache). Daß wir Menschen dieses System benutzen, hängt sicherlich mit unseren zehn Fingern zusammen, mit denen schon kleine Kinder das Zählen üben.

dual und dezimal

Für ICs und Computer hingegen ist dieses System viel zu schwierig, sie könnten sich dabei leicht verzählen und genauso leicht verrechnen, wie wir es manchmal tun. Ja, du hast richtig gelesen: Ein Computer kann nicht mal bis zwei zählen, sonst würde er sich leicht verrechnen! Denn ein Computer kann nur zwei Zustände am Eingang und Ausgang unterscheiden:

es ist keine elektrische Spannung vorhanden	(= Spannung *low*)	≙	Zustand 0
es ist eine elektrische Spannung vorhanden	(= Spannung *high*)	≙	Zustand I

Das IC kennt somit nur die beiden Ziffern 0 und I. Aus diesen beiden Ziffern muß sich ein Computer sein eigenes Zahlensystem aufbauen. Es nennt sich das Zweiersystem oder – wieder aus dem Lateinischen – das **Dualsystem** (lat. *duo* = zwei; aber das kennst du ja bestimmt vom Gesangsduo) oder **Binärsystem** (lat. *bini* = je zwei).

So wie sich beim Dezimalsystem der Wert einer Ziffer mit jeder weiteren Stelle *verzehnfacht*, so verzweifacht bzw. *verdoppelt* er sich mit jeder neuen Stelle im Dualsystem.

Wenn du den Wert der einzelnen Stellen kennst, so läßt sich durch einfaches Addieren die angezeigte Zahl ausrechnen. Beginne mit dem Addieren rechts bei den Einern.

Beispiel: Nimm einmal an, du hättest eine 6stellige Dualanzeige. Die einzelnen Stellen hätten dann folgende Werte:

Zweiunddreißiger	Sechzehner	Achter	Vierer	Zweier	Einer
0	I	0	I	0	I

Die Dualzahl **0 I 0 I 0 I** hat im Dezimalsystem also den Wert 1 + 4 + 16 = **21**.

Hier ein weiteres Beispiel:

I	I	I	0	I	0

Die Dualzahl **I I I 0 I 0** hat im Dezimalsystem den Wert 2 + 8 + 16 + 32 = **58**.

Nun kannst du prüfen, ob du das duale Zahlensystem schon beherrschst:
Welchen Wert haben die folgenden Dualzahlen ?

Dualzahl:	a) I I 0 I	b) I 0 I I 0	c) 0 I I I I 0	d) I I 0 0 I I	e) I 0 I 0 I 0 I
Dezimalzahl:	......	......	......	....	......

Und nun auch umgekehrt:
Wie lauten diese Dezimalzahlen im Dualsystem?

Dezimalzahl:	a) 25	b) 37	c) 55	d) 78	e) 100
Dualzahl:	....	....	....	....	....

Die ersten Computer (um 1950) gaben ihre Ergebnisse tatsächlich als Dualzahlen aus: Entweder leuchteten Lämpchen, oder es wurden Löcher in einen Papier- oder Filmstreifen gestanzt. Dabei bedeutete jedes Loch den Wert I und kein Loch den Wert 0. Auch damals standen die Laien verwundert vor den großen Maschinen und bestaunten die Fachleute, die damit umgehen und z. B. das Ergebnis ablesen konnten. In Wirklichkeit war das Ablesen jedoch gar nicht so schwierig, du könntest es ja jetzt auch.

Der Zähler 74 HC 193 kann höchstens 4stellige Dualzahlen anzeigen. Der Fachmann nennt ihn daher auch einen **4-Bit-Binärzähler**. Ein Bit (engl. Abkürzung für *binary digit*) bedeutet: An jeder Stelle einer Dualzahl können nur zwei mögliche Werte stehen: 0 oder I.

Versuch 40:
Drücke so oft die Eingabetaste, bis der Zähler z. B. die Dezimalzahl 11 anzeigt. Löse anschließend die Verbindung von Beinchen 14 zum Minuspol. Verbinde Bein 14 des ICs mit dem Pluspol. Gib weitere Eingangssignale zum Zähler. Verbinde Bein 14 wieder mit dem Minuspol, und prüfe deine Vermutung über die Bedeutung des Anschlusses 14 nach.

Der Fachmann bezeichnet dieses Anschluß als **CLEAR** oder **RESET** des Zählers. Erkläre:

....

Versuch 41:
Vertausche gegenüber den beiden letzten Versuchen die Anschlüsse 4 und 5. Das bedeutet: Das prellfreie Eingangssignal liegt jetzt am Beinchen 4, das Beinchen 5 ist mit dem Pluspol verbunden.

Was stellst du fest, wenn du nun mehrfach die prellfreie Taste drückst?

....

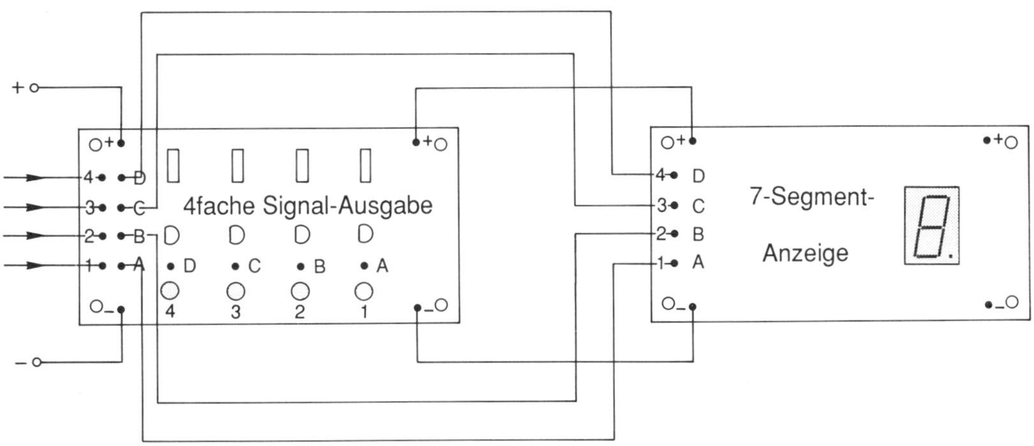

Versuch 42:
Natürlich ist es für uns Menschen umständlich, eine Zahl im Dualcode zu lesen, weil wir dabei immer noch etwas im Kopf rechnen müssen. Das gilt besonders, wenn es sich um große, vielstellige Dualzahlen handelt. Doch auch hier haben die Elektroniker für Abhilfe gesorgt.

Es gibt spezielle ICs, die den Dualcode eines Zählers so umändern (decodieren), daß sich mit den 4 Ausgängen des Zählers eine aus sieben Segmenten bestehende, leuchtende Anzeige ansteuern läßt. Diese sieben Segmente sind so angeordnet, daß sie alle zusammen die Ziffer 8 in einer etwas eckigen Darstellung ergeben.

Du kennst solche Ziffern vom Taschenrechner oder von Digitaluhren und Meßgeräten. Das IC vom Typ 7447 ist ein solcher **Decoder,** der die 4stelligen Ausgangssignale unseres Zählers für die Anzeige umformt. Das IC sitzt bereits mit auf der Bauplatte **„7-Segment-Anzeige“**.

Schließe den Eingang des Zählers wieder so an, daß er *vorwärts* zählt und nicht rückwärts. Lege die 7-Segment-Anzeige rechts neben den bisherigen Versuchsaufbau. Verbinde sie mit der durchgehenden Plus- und Minusleitung. Verbinde die Eingänge A bis D auf der 4fach-LED-Anzeige mit den Anschlüssen A bis D auf der 7-Segment-Anzeige (Bild oben).

7 Segmente und prellfreie Signale Versuche 43 + 44

Schalte die Stromversorgung ein, und tippe mit der Taste die Eingangssignale für den Zähler. Nun kannst du den Zählerstand *gleichzeitig dual und dezimal* ablesen.

Spannend wird es nach der 9, denn die 7-Segment-Anzeige hat ja nur eine Dezimalstelle und kann daher die Zahlen 10 bis 15 eigentlich nicht anzeigen.

Zeichne ein, welche Segmente der Anzeige (Bild 1) jeweils aufleuchten:

0 =	1 =	2 =	3 =
4 =	5 =	6 =	7 =
8 =	9 =	10 =	11 =
12 =	13 =	14 =	15 =

1

7-Segment-Anzeige

Versuch 43:
Achte nun einmal genau darauf, wann der Zähler eigentlich weiterzählt: Wenn du den Eingabetaster drückst, oder wenn du ihn gerade losläßt? Anders gefragt: Springt der Zähler weiter, wenn die Signalspannung von *low* auf *high* wechselt oder von *high* auf *low*?

Ein Voltmeter zwischen dem Zählereingang (Bein 5) und dem Minuspol zeigt dir die Signalspannung direkt an. Ergebnis: Der Zähler springt immer dann eine Ziffer weiter, wenn der Spannungspegel an seinem Eingang

von .... auf .... wechselt.

Ziehe nun den Kabelschuh vom Ausgang der „prellfreien Taste“ ab.
Dieses Kabel führt zum Eingang des Zählers, aber sein Anfang hängt jetzt lose in der Luft. Komme ihm mit deiner Hand langsam näher. Was beobachtest du?

....

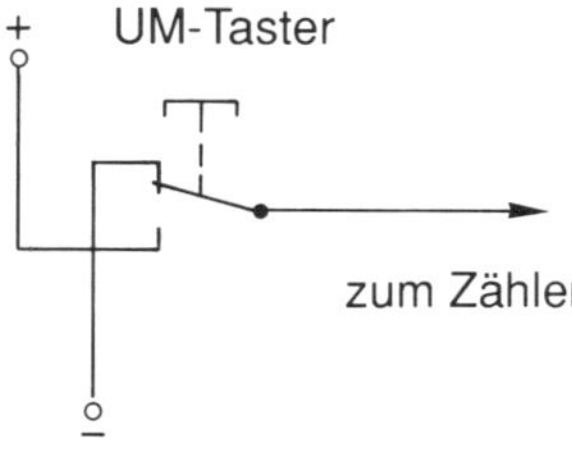

2

Versuch 44:
Was hat es eigentlich mit der prellfreien Eingabetaste auf sich? Reicht es nicht aus, wenn die Spannung des Eingangssignals von *low* auf *high* wechselt?

Die Antwort auf diese Fragen kannst du mit einem einfachen UM-Taster finden, den du anstelle der prellfreien Eingabe benutzt. Er wird so geschaltet, daß er den Zählereingang mit dem Minuspol verbindet, wenn der Taster nicht gedrückt ist. Beim Drücken wird der Zählereingang mit dem Pluspol verbunden; die Spannung des Eingangssignals wechselt also beim Drücken der Taste von *low* auf *high* (Bild 2). Die Zählerausgabe müßte daher bei jedem Takt um eine Ziffer weiterspringen.

Du beobachtest jedoch etwas ganz anderes. Der Fachmann sagt dazu: **Das Signal prellt.**

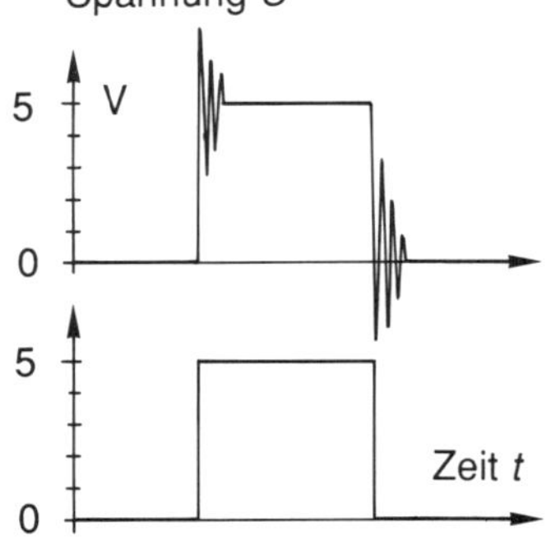

3

Das Bild 3 zeigt dir den genauen Spannungsverlauf bei einem prellenden und bei einem prellfreien Signal. Erkläre den Unterschied und begründe, warum Zähler-ICs nur mit prellfreien Signalen angesteuert werden dürfen.

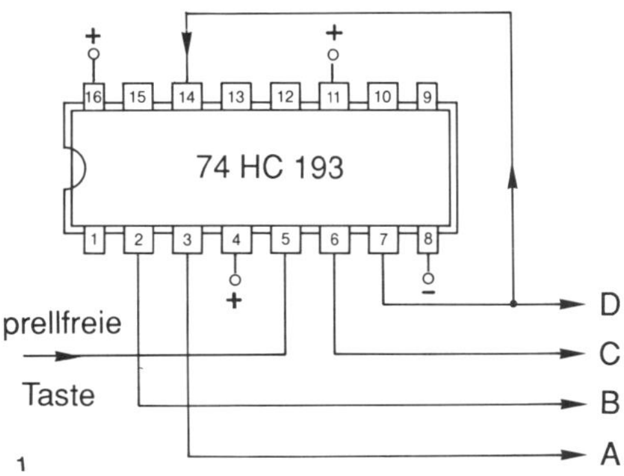

1

Versuch 45:

Bisher wurde der Reset des Zählers automatisch so gesteuert, daß er immer alle 16 Zahlen von 0 bis 15 durchzählt und dann zurückspringt. Das soll nun anders werden. Benutze zur Eingabe wieder die entprellte Taste!

Löse die Verbindung zwischen dem Minuspol und IC-Bein 14. Damit wurde bekanntlich das Zurücksetzen des Zählers gesteuert (siehe Versuch 40). RESET erfolgte, wenn die Spannung am Beinchen 14 von *low* auf *high* wechselte.

Kannst du vorhersagen, was geschehen wird, wenn du dieses Beinchen 14 mit dem Ausgang D (Beinchen 7 des Zählers) verbindest? Überlege dir, bei welcher Zahl an diesem Ausgang *erstmals* die Spannung *high* wird.

Prüfe deine Vermutung in einem Versuch nach (Bild 1). Natürlich ist dieses Ergebnis kein Zufall. Dahinter steckt ein logisches Gesetz.

Überlege: Der Zähler springt sofort auf Null zurück, wenn er die Dualzahl I 0 0 0 erreicht.

Er zählt also dezimal nur von 0 bis ....

Versuch 46:

Verbinde anschließend den RESET-Anschluß des Zählers (Beinchen 14) auch mit den anderen Ausgängen (A = Bein 3, B = Bein 2 oder C = Bein 6). Notiere dir hier die Ergebnisse:

RESET an:	*Rücksprung durch Ziffer:*	*Zähler von Null bis:*
C	......	......
B	......	......
A	......	......

Du merkst, daß es hier ganz logisch zugeht.

Versuch 47:

Überlege dir, wie du deinen Zähler dazu bringen kannst, nur von *0 bis 5* zu zählen. Er soll die Ziffer 6 nicht mehr anzeigen, sondern dann schon auf Null zurückspringen.

Der Reset müßte also ausgelöst werden von der dezimalen Ziffer ......

Diese Ziffer sieht in der dualen Schreibweise so aus: ....

Das ist natürlich nicht so einfach zu erreichen wie in den vorigen Versuchen, denn der Reset muß diesmal von *zwei* Zählerausgängen gesteuert werden. Der Reset darf erst erfolgen, wenn diese *beiden Ausgänge gemeinsam* das Spannungssignal *high* abgeben.

Na, hat es in deinem Gedächtnis schon „klick" gemacht? *Zwei* Signale müssen *gemeinsam* ein Signal mit dem Spannungspegel *high* weitergeben ...

Nichts ist für den Fachmann einfacher als das. Schließlich weiß er doch, wie man zwei Signale miteinander verknüpft. Bild 2 gibt dir einen Hinweis. Wie der komplette Versuchsaufbau für den Zähler von 0 bis 5 jedoch aussieht, das solltest du schon selbst herausfinden.

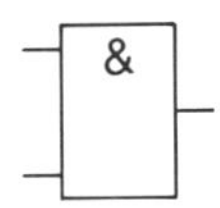

2

Versuch 48:

Jetzt kannst du testen, ob du das Prinzip des gezielten Resets verstanden hast. Löse die folgende Aufgabe im Kopf, bevor du sie tatsächlich aufbaust und ausprobierst:

Verknüpfe durch eine UND-Logik die Ausgänge deines Zählers so miteinander, daß ein **Dezimalzähler** entsteht. Wie jedes normale Zählwerk (z. B. im Kilometerzähler) soll der Zähler von 0 bis 9 zählen und danach zurückspringen.

Die den Reset auslösende Dezimalzahl lautet also ...... oder als Dualzahl ....

Überprüfe das in einem Versuch.

Der Schaltplan steht auf der nächsten Seite.

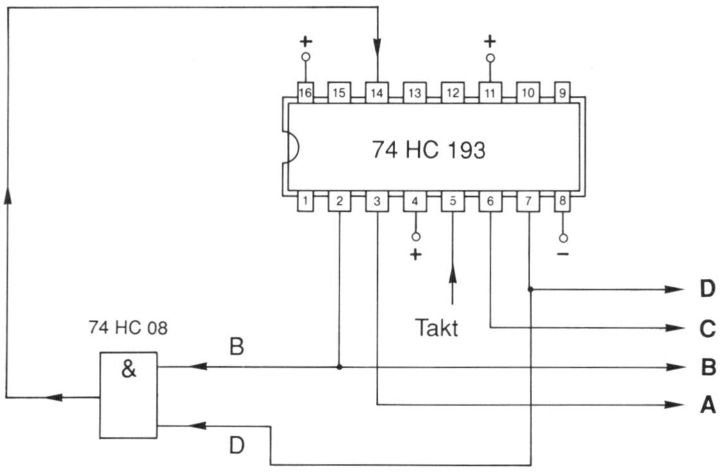

Versuch 49:
Die Schaltung oben zeigt dir einen kompletten Dezimalzähler, der nach der Ziffer 9 auf 0 zurückspringt.

Überlege: Wie läßt sich ein Zähler dazu bringen, nur von 0 bis 6 zu zählen?
Der Reset müßte ausgelöst werden durch

die dezimale Ziffer: ...... oder dual: ....
Baue den Versuch auf, und überprüfe deine Vermutung.

Versuch 50:
Vermutlich hast du von der vielen Tipperei auf der Eingabetaste schon einen Krampf im Finger. Das soll sofort geändert werden, denn die Elektronik wurde schließlich erfunden, um uns das Leben bequemer zu machen! Deshalb tippen wir die Eingangssignale ab jetzt nicht mehr mit der Hand einzeln ein, sondern wir lassen sozusagen tippen.

Das übernimmt ein **Taktgeber**, hinter dem sich ein *astabiler Multivibrator* verbirgt, also ein Erzeuger schneller Kippschwingungen (vgl. Versuch 37). Seine Taktgeschwindigkeit wird von einem Poti und einem Kondensator bestimmt, die auf der Bauplatte über der Starttaste sitzen. Damit der Zähler ganz langsam zählt, mußt du zu dem Kondensator einen weiteren mit größerer Kapazität parallel schalten. Achte dabei auf die Polung (Bild rechts).

Entferne jetzt aus deinem Versuchsaufbau die prellfreie Eingabetaste, und ersetze sie durch den automatischen Taktgeber.

Benutze als Zähleranzeige nur die 4fache LED-Signal-Ausgabe. Das Zähler-IC soll alle Zahlen von 0 bis 15 in der richtigen Reihenfolge anzeigen – genauso wie im Versuch 39.

Wenn du jetzt die Starttaste des Taktgebers drückst, so beginnt er, in einem bestimmten Takt - also in genau gleichen Zeitabständen - Eingangssignale an den Zähler zu schicken. Läßt du die Taste los, so stoppt der Taktgeber, und der Zähler bleibt stehen.

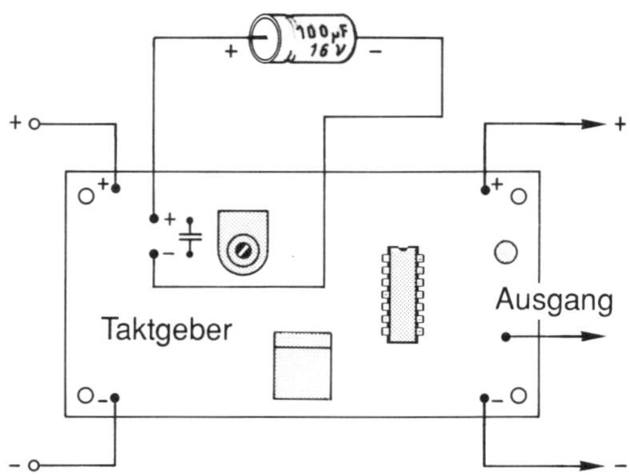

Versuch 51	**bitte laut zählen**

Wenn du während des Zählens die Leuchtdiode A betrachtest, so wird dir auffallen, daß sie exakt gleichlange Zeiten leuchtet und dunkel bleibt. Beobachte auch die anderen Leuchtdioden.

Der Blinktakt der LED A ist in der folgenden Zeichnung schon eingetragen.
Der 0-Wert auf der Y-Achse bedeutet: Spannung *low* ≙ LED aus.
Der I-Wert auf der Y-Achse bedeutet: Spannung *high* ≙ LED ein.
Auf der X-Achse wird die Zeit *t* abgetragen.
Versuche nun, die Leuchtzeiten der anderen drei LEDs einzutragen.

Wenn man an die Ausgänge A bis D als Meßgerät ein Oszilloskop anschließt, so kann man diese vier verschiedenen „Kurven" tatsächlich sehen (Bild 1).

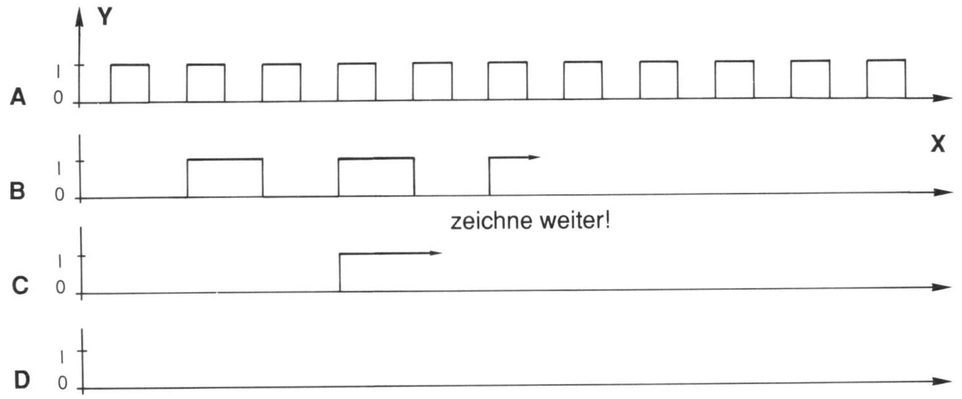

1

Versuch 51:
Lasse den Versuch 50 aufgebaut, und schließe nacheinander zwischen den einzelnen Ausgängen A bis D auf der Ausgabe-Platine und dem Minuspol die Hörkapsel aus einem Telefon an (Bild 2). Notfalls tut es auch ein Lautsprecher, in Reihe geschaltet mit einem Schutzwiderstand von 180 Ω.

Immer wenn die Ausgangsspannung von *low* auf *high* ansteigt oder von *high* auf *low* abfällt, ist im Hörer ein Knacken zu hören. Und das kommt so: Bei jedem Spannungswechsel von 0 auf I springt die Hörermembran vor und bleibt dort, bei jedem Wechsel von I auf 0 geht sie in die Ruhelage zurück.

Jetzt solltest du den großen Zusatzkondensator auf dem Taktgeber gegen einen mit kleinerer Kapazität tauschen (z. B. 10 µF). Benutze wieder den **Hörer zur akustischen Anzeige**. Vergleiche die Häufigkeit der Schaltgeräusche zwischen den vier verschiedenen Ausgängen.

Sicherlich merkst du, daß z. B. die Knacklaute am Ausgang B genau doppelt so oft vorkommen wie am Ausgang C, aber nur halb so oft wie am Ausgang A.

Das muß auch so sein: Blättere noch einmal zurück zum Versuch 39. Betrachte dort nur die Spalte für den Ausgang A von *oben nach unten*. Diese Signale bekommt jetzt der Hörer, und ihr Spannungswert wechselt mit jedem Takt. Vergleiche das mit den Signalwechseln in der Reihe B und C und D...

Was fällt dir auf?

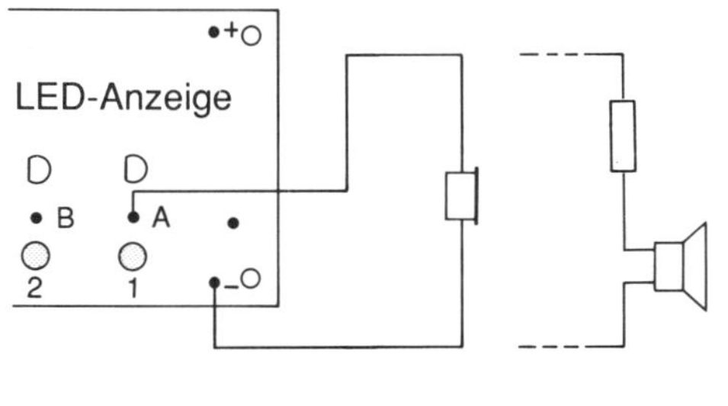

2

Versuch 52:
Tausche den Kondensator auf dem Taktgeber nochmals gegen einen kleineren (1 µF) aus. Wenn du nun auf die Starttaste drückst, so scheinen alle vier LEDs ständig zu leuchten. Das stimmt aber gar nicht. Unser Auge ist nur zu träge, um das dauernde Blinken zu bemerken. Unser Ohr ist da schon „schneller". Schließe wieder den Hörer zwischen die einzelnen Ausgänge A, B, C, D und den Minuspol.
Klingt das nicht echt gut?

Am Ausgang A hörst du den höchsten Ton. Der Ton am Ausgang B ist genau eine Oktave tiefer, am Ausgang C zwei Oktaven usw.

Das kennst du vielleicht vom Klavier; das hat ja auch jeden Ton nicht nur einmal, sondern mehrmals in unterschiedlicher Tonhöhe. Mit jeder achten Taste wiederholen sich die Töne (lat. *octavus* = achter). Schlägt man z. B. auf dem Klavier den Kammerton a an, den auch jede Stimmgabel erzeugt, so schwingen die Saiten in jeder Sekunde 440mal hin und her. Der Fachmann sagt dazu: Der Kammerton a hat eine Frequenz von 440 Hertz. Acht Tasten weiter rechts kommt ein höheres a, dessen Frequenz 880 Hertz beträgt. Acht Tasten weiter links liegt das nächsttiefere a mit einer Frequenz von 220 Hertz. *Halbe Frequenzen bedeuten also genau den gleichen Ton, aber eine Oktave tiefer.*

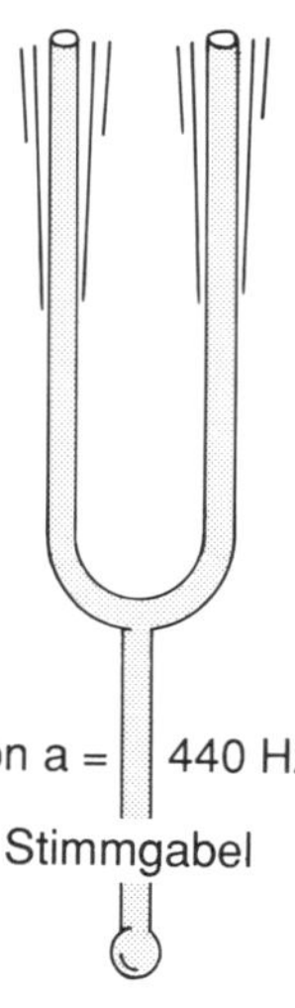

Ton a = 440 Hz
Stimmgabel

Probiere nun selbst aus, wie du mit dem Poti oder weiteren Kondensatoren noch andere Töne erzeugen kannst, deren Tonhöhen sich jedesmal um vier ganze Oktaven unterscheiden.

Der Fachmann bezeichnet das IC 74 HC 193 deshalb auch als einen **Frequenzteiler** im Verhältnis 1 : 2 : 4 : 8. Erkläre!

Versuch 53:
Entferne vom Taktgeber den zusätzlichen Kondensator. Nur der dort fest eingebaute Kondensator bestimmt jetzt das Takttempo. Da seine Kapazität sehr klein ist (100 Nanofarad = 100 nF = 1/10 µF), sind die erzeugten Töne noch viel höher und am Ausgang A als Pfeifton zu hören. Das ist aber jetzt auch nicht wichtig.

Ändere den RESET-Anschluß (Beinchen 14) so, daß der Zähler nur noch von 0 bis 9 zählt und dann zurückspringt. Wenn du nicht mehr weißt, wie das geht, mußt du beim Versuch 48 nachlesen. Aus dem 4-Bit-Binärzähler ist so wieder ein *Dezimalzähler* geworden.

Auch die 7-Segment-Anzeige wird noch zusätzlich angeschlossen. Wenn du nun den Taktgeber startest, dann läuft der Zähler so schnell, daß es unmöglich ist, ihn mit den Augen zu verfolgen. Stoppst du den Taktgeber, so bleibt der Zähler zufällig bei irgendeiner Zahl stehen.

Du hast dadurch einen hübschen Erzeuger von Zufallszahlen erhalten, man nennt ihn auch einen **Zufallsgenerator**. Wenn du einen Computer hast und dich in der Programmiersprache BASIC etwas auskennst, dann weißt du vielleicht, daß es dort den Befehl RND (engl. *random* = zufällig) gibt, mit dem sich ebenfalls Zufallszahlen erzeugen lassen.

Wenn ihr in Arbeitsgruppen diesen Versuch mehrere Male aufbaut, dann könnt ihr nun ein Spiel daraus machen: Wessen Zähler zeigt zuerst eine 6 (3, 7...) an?

Es ist ein Glücksspiel ähnlich wie das Würfeln.

Was ist ein FET?

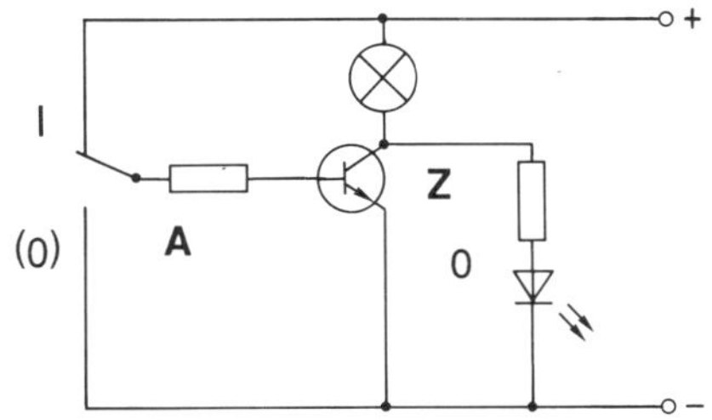

1 INVERTER mit npn-Transistor

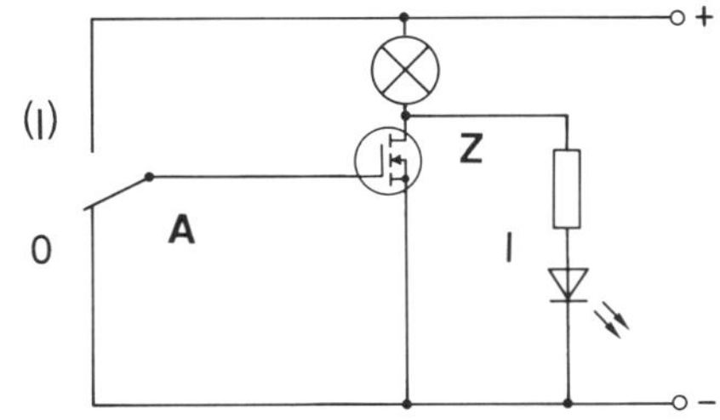

3 INVERTER mit FET

Im ersten Heft der Reihe „technik für dich" hast du alle Versuche mit einer Transistor-Grundschaltung durchgeführt. Bild 1 zeigt damit noch einmal einen INVERTER. Liegt am Eingang A ein *high*-Signal, dann fließt ein schwacher Steuerstrom. Der Transistor schließt den Laststromkreis. Am Ausgang Z wird die Spannung dadurch *low*.

Aus solchen Transistoren wurden seit 1955 Computer gebaut. Die Techniker wollten jedoch noch mehr Strom sparen und damit unnötige Wärmeentwicklung vermeiden. Bald fanden sie einen ganz neuen Weg, Transistoren herzustellen. Um durchzuschalten, benötigen diese überhaupt *keinen Steuerstrom* mehr, sondern nur noch eine *Steuerspannung*.

Die drei Anschlüsse solcher Transistoren (Bild 2) heißen **Source**, **Drain** und **Gate**. Wenn man an diesen Transistor eine Steuerspannung U_{GS} zwischen Source und Gate anlegt, so bildet sich in seinem Inneren unter dem Gate ein elektrisches *Feld* (wie in einem Kondensator). Dadurch sammeln sich freie Elektronen unter dem Gate und bilden einen leitenden *Kanal* zwischen den sonst getrennten Anschlüssen Source und Drain. Durch diesen Kanal können – und das sogar in beiden Richtungen – Elektronen fließen; der Transistor hat durchgesteuert.

Solchen Transistor nennt man **Feldeffekt-Transistor,** abgekürzt **FET**.

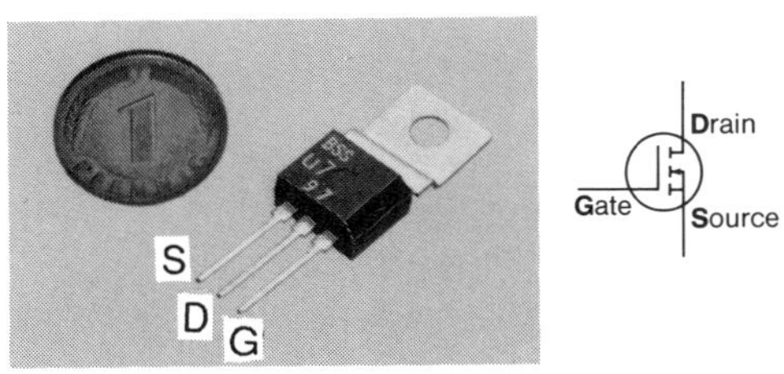

2

Wird die Steuerspannung *low*, so verschwindet das elektrische Feld, und der Transistor sperrt wieder zwischen seinen Anschlüssen Source und Drain (Bild 3). Solche FETs sind also wunderbare Stromsparer. Tatsächlich fließt nur für den kurzen Augenblick ein Strom, bis sich das elektrische Feld unter dem Gate gebildet hat (sozusagen der Ladestrom für den kondensatorähnlichen Gate-Anschluß).

Aufgaben:

1) Was bedeuten die englischen Begriffe Source, Drain und Gate?
2) Baue mit einem FET nach Bild 4 einen Versuch auf. Berühre mit einem weiteren Finger den Minus- bzw. Pluspol. Erkläre!
3) Prüfe in einem Versuch nach Bild 5, bei welcher Schwellenspannung U_{GS} der FET durchsteuert. Wie groß ist der Gatestrom I_G?

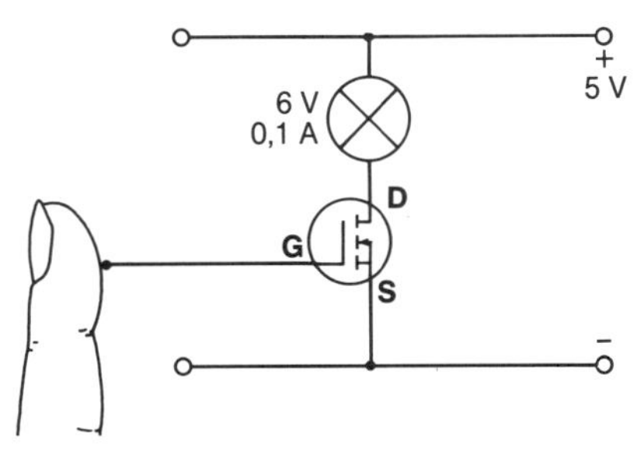

4

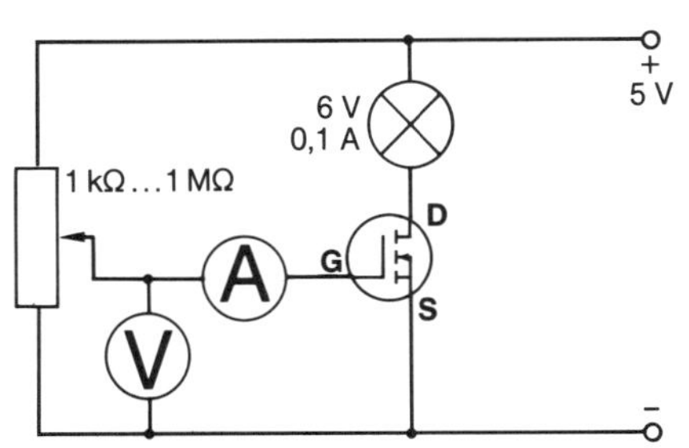

5

Was bedeutet CMOS?

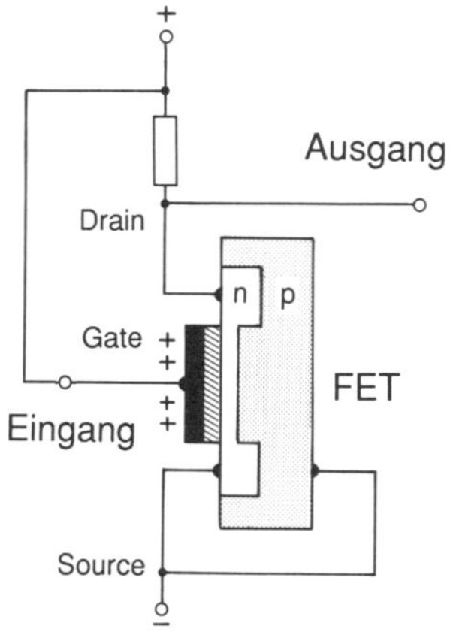

1

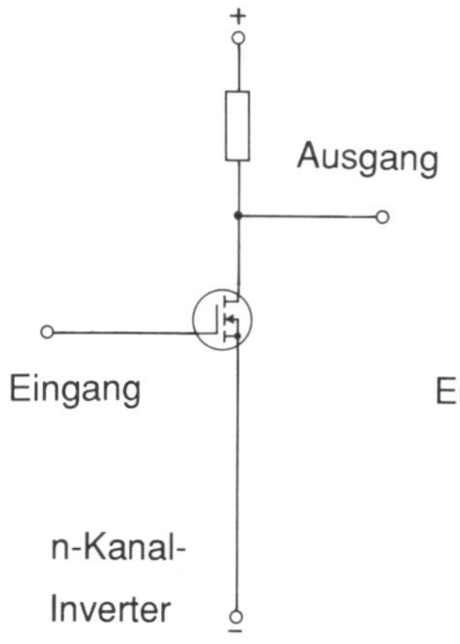

2

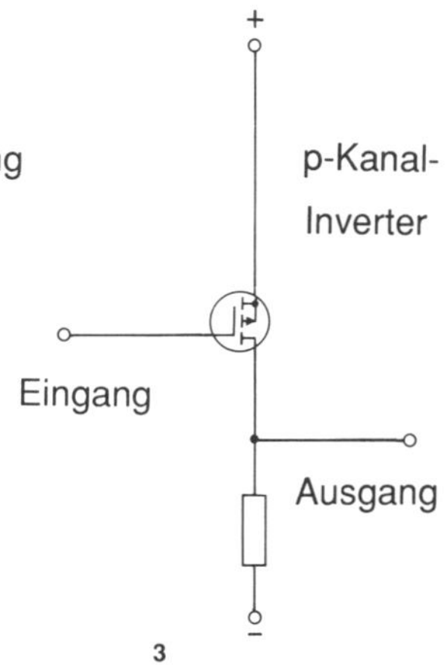

3

Eben hast du gelernt, was ein **FET** ist. Nun kann man FETs auf unterschiedliche Weise herstellen. Das verbreitetste und billigste Verfahren ist die MOS-Technik. **MOS** steht als Abkürzung für englisch ***metal oxid semiconductor***. Übersetzt heißt das Metall-Oxid-Halbleiter. Der Transistor wird ja aus dotiertem Silicium-Halbleitermaterial gemacht, das bei den FETs oben mit einer nichtleitenden Schicht aus Siliciumoxid belegt ist. Das Gate schließlich ist eine kleine Kondensatorplatte aus Metall, meist Aluminium (Bild 1).

Bekanntlich gibt es bei den normalen Transistoren je nach Reihenfolge ihrer Dotierung npn- und pnp-Typen. Etwas Ähnliches gibt es bei den MOS-FETs auch. Der Kanal unter ihrem Gate kann entweder n-leitend oder p-leitend sein. Entsprechend gegensätzlich ist ihre Ansteuerung. Der n-Kanal-Typ steuert durch, wenn die Spannung an seinem Gate *high* ist, der p-Kanal-Typ würde unter dieser Bedingung gerade sperren (Bilder 2 und 3). Beide Schaltungen oben stellen einen INVERTER dar.

Nun muß jeder Transistor, der durchsteuert, in seinem Laststromkreis einen Widerstand haben, denn sonst gäbe es ja bald einen Kurzschluß im Arbeitsstromkreis.

Bei den beiden gegensätzlichen MOS-FETs kamen die Techniker auf eine wirklich geniale Idee: Sie schalteten zwei verschiedene MOS-FETs so zusammen, daß der eine immer dann sperrt, wenn der andere gerade durchsteuert.

Dieser Trick hat zur Folge, daß die Schaltung gar keine Lastwiderstände mehr benötigt (Bild unten). Der gerade sperrende FET ist sozusagen der Lastwiderstand für den anderen leitenden FET. Dieser Trick ist deshalb so besonders gut, weil es nun möglich ist, integrierte Schaltkreise (also ICs) herzustellen, ohne daß innen noch Widerstände wären. Jede logische Verknüpfung läßt sich ausschließlich aus Transistoren aufbauen!

Die Techniker nannten diesen Trick mit den *sich ergänzenden Transistoren* **CMOS**. Das **C** weist auf das entsprechende englische Wort ***complementary*** hin.

Deine schnellen CMOS-ICs bestehen also innen aus lauter FETs. Sie werden nicht durch Ströme, sondern nur durch Spannungen angesteuert. Deine Batterien leben deshalb länger. Die Versorgungsspannung darf zwischen 2 V und 6 V schwanken. Und die Eingänge zu den Gate-Kondensatoren sind kurzschlußfest.

4

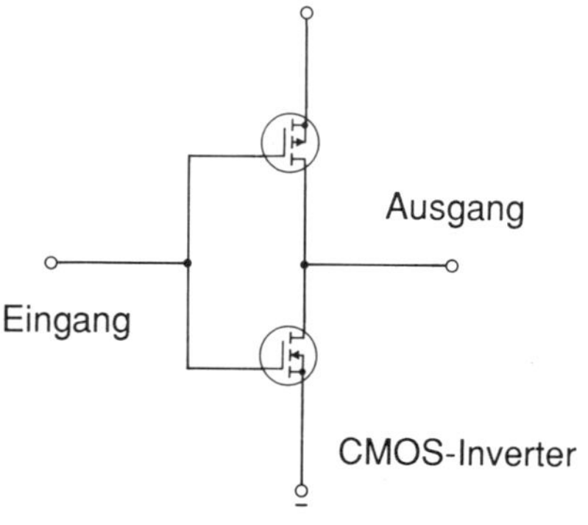

Versuch 54:
Bisher konntest du deinen 4-Bit-Binärzähler durch Ausnutzen bestimmter Reset-Bedingungen dazu bringen, daß er zu einem Dezimalzähler wurde. Das war recht umständlich, weil du zusätzlich ein IC mit UND-Logik brauchtest. Die Elektronik-Fachleute haben diesen Nachteil natürlich längst erkannt. Sie bauen deshalb den durch die Ziffer 10 ausgelösten Reset sofort mit in den Zähler ein und erhalten damit gleich einen **Dezimalzähler**. Der trägt dann allerdings eine andere Kennziffer: 74 HC 192. Seine Anschlußbelegung ist genau die gleiche wie beim Typ 74 HC 193. Du kannst also das IC direkt austauschen. Die Anschlüsse erfolgen genauso wie im Versuch 39. Für die Ausgänge benutzt auch dieser Dezimalzähler die 4 Leitungen A bis D.

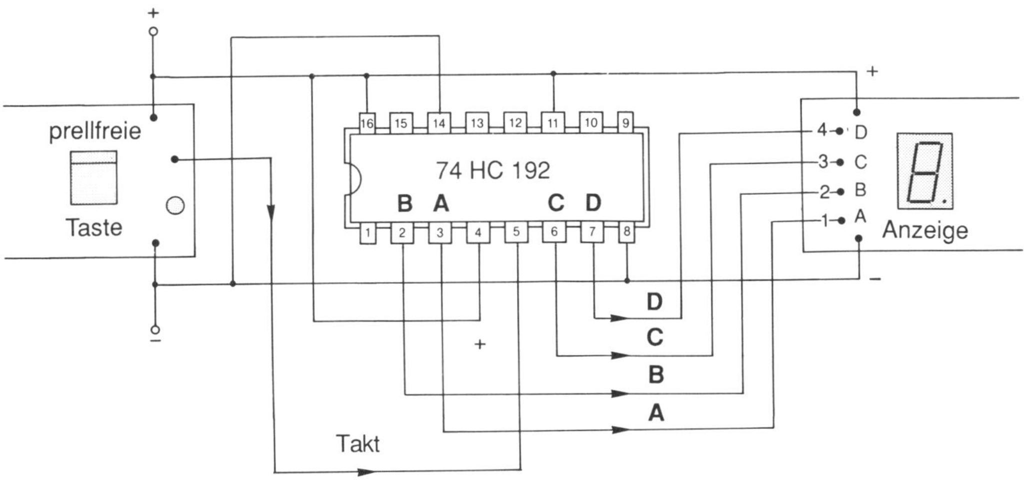

Da das exakt dem Binärzähler entspricht, nennt der Fachmann diese Art, die Ziffern 0 bis 9 zu verschlüsseln, den **BCD-Code**. Das ist die Abkürzung für engl. ***b**inary **c**oded **d**ecimal*, also für einen binären Dezimal-Code. Jede Dezimalziffer ist mit den 4 Bits einer Dualzahl codiert:

Dezimalzahl	BCD-Code	Dezimalzahl	BCD-Code
0	0 0 0 0	5	0 I 0 I
1	0 0 0 I	6	0 I I 0
2	0 0 I 0	7	0 I I I
3	0 0 I I	8	I 0 0 0
4	0 I 0 0	9	I 0 0 I

Benutze als Ausgabe die 7-Segment-Anzeige. Verbinde Beinchen 4 mit dem Pluspol, und gib mit der prellfreien Taste die Eingangssignale über IC-Bein 5 ein. Der Zähler zählt ....

Vertausche die Zuleitungen zu den Beinchen 4 und 5. Der Zähler zählt jetzt ....

Das sollst du sofort wie bei einem richtigen *count down* für einen Startvorgang ausnutzen. Wenn der Zähler bei 0 ankommt, dann soll er ein zusätzliches Signal auslösen, z. B. soll eine LED aufleuchten. Du erreichst das mit einem Anschluß der Leuchtdiode an Beinchen 13 (siehe rechtes Bild).

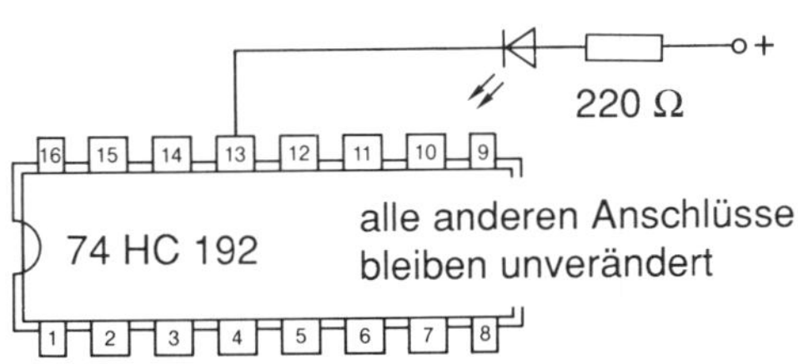

Einstellung im voraus Versuch 55

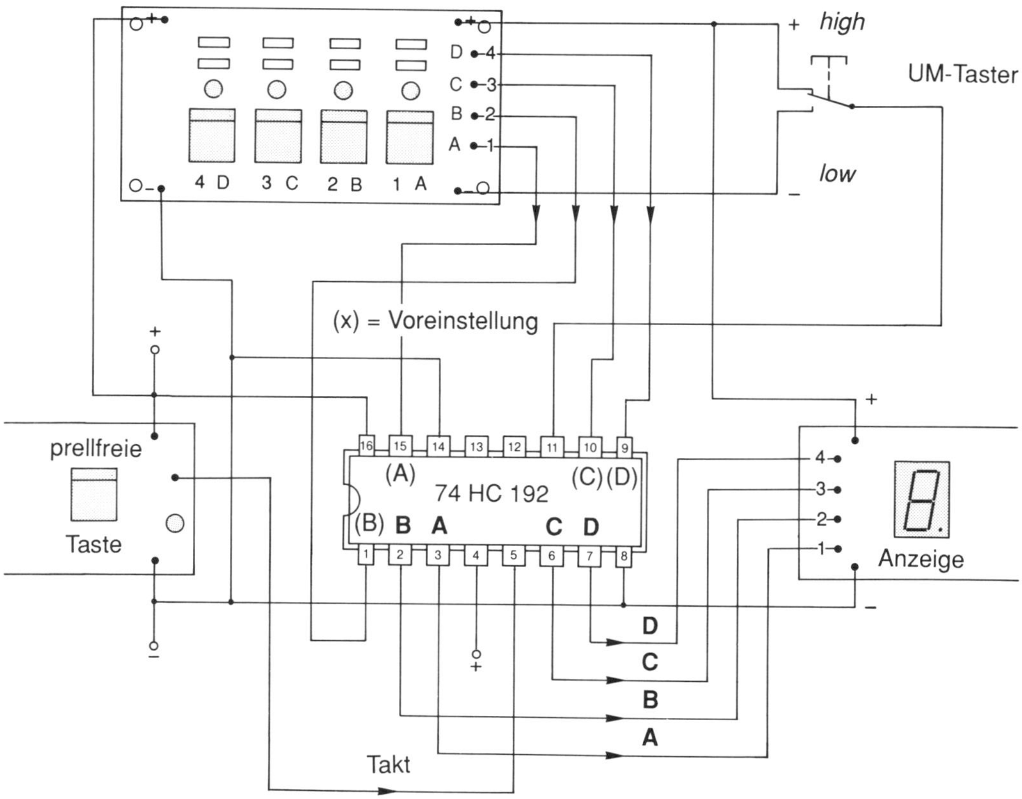

Versuch 55:
Wenn der Dezimalzähler aufwärts zählt, also von 0 bis 9, dann beginnt er selbstverständlich stets mit der Null. Es geht aber auch anders. Über die bisher von dir noch gar nicht benutzten IC-Beinchen kann man den Zähler nämlich auch *im voraus einstellen.* Das geschieht über den Anschluß 11. Solange der an *high* liegt, beginnt der Zähler immer mit der Null. Liegt das Bein 11 an *low*, so fragt der Zähler den voreingestellten BCD-Wert ab.

Baue die Schaltung nach dem Bild oben auf.

Takte so lange, bis der Zähler 9 anzeigt. Drücke jetzt auf der 4fachen Signal-Eingabe die Tasten A und B, was der Dualzahl 0 0 I I entspricht.

Halte die beiden Tasten gedrückt, während du einmal den UM-Taster betätigst.

Laß anschließend alle Tasten los.

Was zeigt die 7-Segment-Anzeige? ....

Gib über die prellfreie Taste weitere Taktimpulse an den Zähler, und schreibe hier auf, was die Anzeige ausgibt:

....

Experimentiere auch mit anderen Voreinstellungen des Zählers.
Was bewirkt eigentlich der Druck auf die UM-Taste?

Versuch 56:
Im Versuch 49 hast du bei einem 4-Bit-Binärzähler durch gezielten Reset erreicht, daß er wie ein echter Würfel die 6 als größte Ziffer hat. Dennoch hatte der Würfel einen kleinen Fehler, denn er konnte ja auch eine Null würfeln.

Gerade hast du nun gesehen, daß ein Dezimalzähler durch die Voreinstellung dazu gebracht werden kann, mit einer beliebigen Ziffer sein Zählen zu beginnen. Damit müßte es doch möglich sein, einen echten elektronischen Würfel zu bauen, der nur diese Ziffern kennt:

1 – 2 – 3 – 4 – 5 – 6

Überlege selbst weiter:
Das Zurückspringen müßte ausgelöst werden durch die Dezimalzahl ......, was der Dualzahl .... entspricht.
Durch ein UND-Gatter müssen deshalb die Ausgänge A und .... des Dezimalzählers miteinander verknüpft werden. Wenn das UND-Gatter den Spannungswert *high* ausgibt, erfolgt normalerweise der Reset des Zählers auf Null.

Die Voreinstellung für den Rücksprung auf 1 muß über das Beichen ...... erfolgen, und zwar muß dazu für kurze Zeit der Spannungswert .... an dieses Beinchen gelegt werden.
Hast du das Problem erkannt?
Die Abbildung unten zeigt dir die komplette Schaltung für einen elektronischen Würfel. Wenn du sie aufgebaut und getestet hast, dann ersetze die prellfreie Taste durch den automatischen, schnellen Taktgeber.
Erkläre: Warum ist Beinchen 15 des Zähler-ICs mit dem Pluspol verbunden?

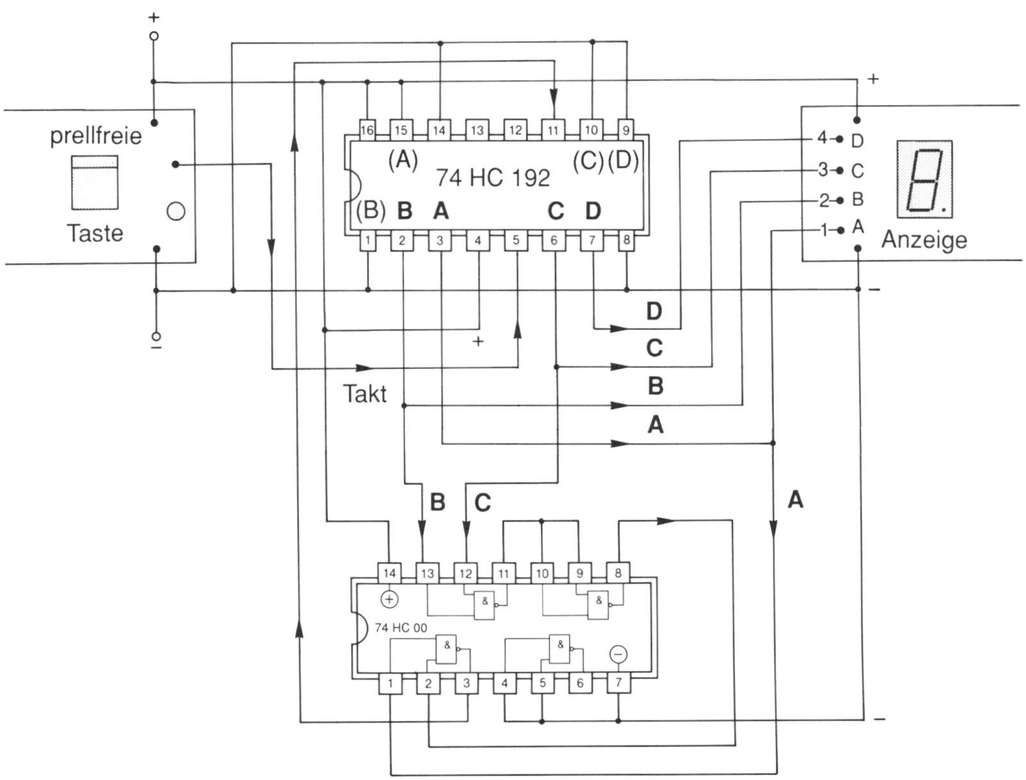

Versuch 57:
Sicher wunderst du dich über die ungewöhnliche Zahl in der Überschrift zu diesem Versuch. Die Lösung ist jedoch ganz einfach: Für die letzte Stelle der Zahl sollst du den Dezimalzähler 74 HC 192 benutzen, der von 0 bis 9 zählen kann.

Für die Stellen davor benutzt du den 4-Bit-Binärzähler 74 HC 193. Und der kann bekanntlich von 0 bis 15 zählen. Zusammen ergeben die beiden ICs einen Zähler von 00 bis 159.

Das Ablesen des Zählerstands ist natürlich nur etwas für Profis wie dich, denn die Zehnerstelle der Zahl wird nicht von einer 7-Segment-Anzeige, sondern von vier LEDs angezeigt. Doch das kennst du ja längst.

Wie aber bekommt der zweite Zähler seinen Eingangstakt?
Die zu zählenden Impulse laufen ja an den Eingang des ersten (dezimalen) Zählers.
Der besitzt jedoch noch ein Beinchen, das du bisher nie benutzt hast.
Es ist der Anschluß Nr. 12.
Der Fachmann nennt diesen Anschluß entweder *count up output* oder kurz *carry.*
In der Mathematik nennt man das bei der Addition den *Übertrag*.
Sieh im Lexikon nach, was das englische Wort *carry* bedeutet: ....

Baue nun die Schaltung nach dem Bild unten auf, und takte die ersten 30 Eingangssignale mit der prellfreien Taste ein. Wenn das problemlos funktioniert, kannst du dir das Eingeben erleichtern und einen langsam laufenden Taktgeber benutzen.

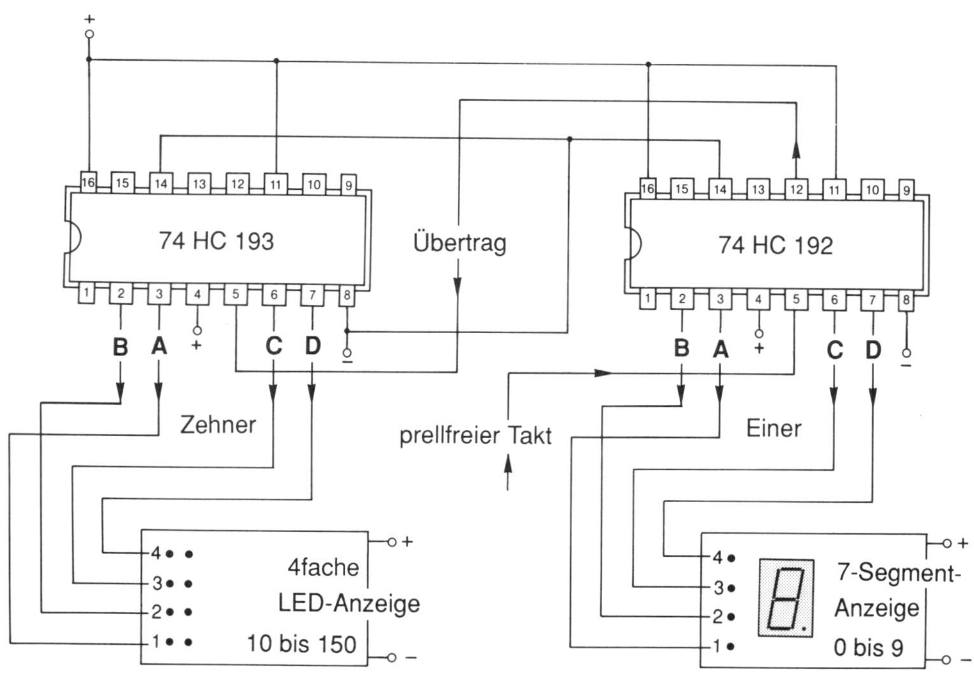

Versuch 58 **ein mehrstelliger Dezimalzähler**

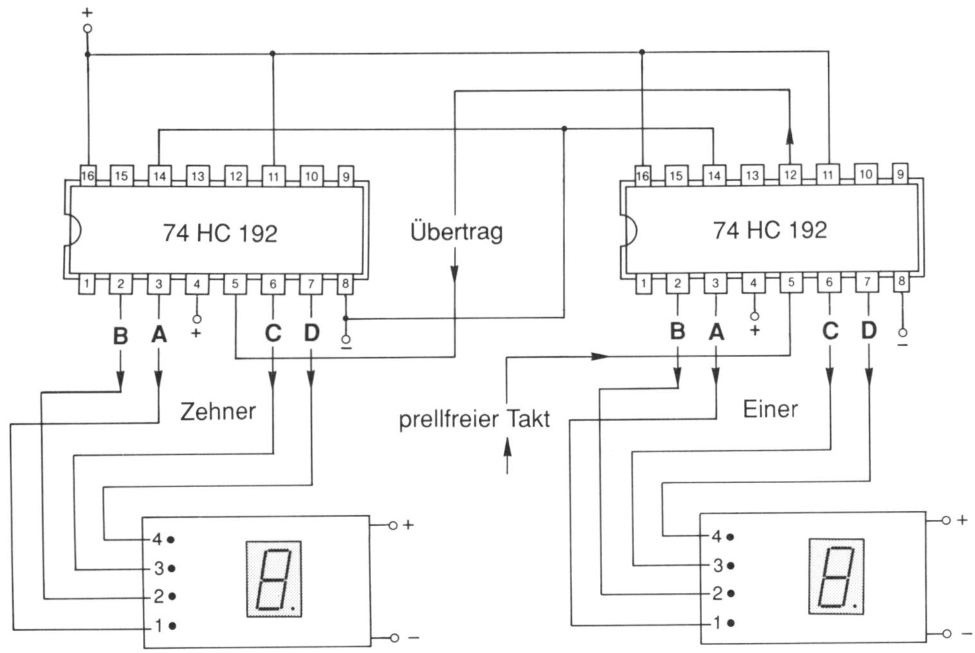

Versuch 58:

Ist dir schon aufgefallen, daß die Nummer zu diesem Versuch in der Überschrift *schräg (kursiv)* gedruckt ist? Damit hat es folgendes auf sich: Die Versuche mit *kursiv gedruckter Nummer* kannst du mit deinen Bausteinen allein nicht durchführen, weil z. B. mehr als zwei IC-Grundplatten oder zwei 7-Segment-Anzeigen benötigt werden.

Wenn du alle Versuche aus diesem Heft ganz alleine zu Hause durchführst, dann müßtest du solche Experimente einfach weglassen. Zu deinem Trost: Es sind nur 6 *Versuche* von 74.

Wenn ihr aber die Versuche z. B. in Arbeitsgruppen durchführt, dann müssen sich nun mehrere Gruppen mit ihren Geräten zusammensetzen.

Jede Gruppe baut zunächst ihren Dezimalzähler auf, aber nur mit der 7-Segment-Anzeige (nicht mit der parallel geschalteten 4-Bit-LED-Anzeige). Mit der prellfreien Eingabetaste wird überprüft, ob jeder Zähler auch tatsächlich die Zahlen zwischen 0 und 9 zählt und anzeigt.

Nun wollen wir einen mehrstelligen Zähler bauen, der z. B. bei zwei Gruppen bis 99, bei drei Gruppen bis 999 zählen kann.

Die Gruppe, die die Einer anzeigen will, läßt anschließend ihren Versuchsaufbau unverändert. Die Gruppe, deren 7-Segment-Anzeige für die Zehnerstelle steht, entfernt von ihrem Aufbau die prellfreie Eingabe und verbindet statt dessen den Eingang ihres ICs (Beinchen 5) mit dem Übertrag (Beinchen 12) der Einergruppe. Vergeßt nicht den gemeinsamen Anschluß an die Plus- und die Minusleitung.

Nun erfolgt der erste Test. Der Zähler der Zehnergruppe muß zunächst Null anzeigen. Falls er das nicht tut, einmal kurz die Verbindung von Bein 14 (= RESET) zur Minusleitung lösen, evtl. mit dem Kabel noch die Plusleitung berühren! Jetzt werden die Eingangssignale eingegeben. Nach der Anzeige 08 und 09 muß es mit 10 und 11 weitergehen.

Wenn es klappt, kann auf die gleiche Weise der Hunderterzähler mit seinem Eingang an den Übertrag des Zehnerzählers angeschlossen werden.

Versuch 59:
Gehörst du zu den Menschen, die Lotto spielen?

Hoffentlich weißt du, wie gering deine Gewinnchancen sind. Ob sie wohl größer wären, wenn die Zahlen „aus dem Computer" kämen?

Viele leichtgläubige Menschen trauen der Elektronik und den Computern bekanntlich alles zu. Sie glauben, daß das Zahlenglück berechenbar wäre.

Solchen Zeitgenossen kannst du nun helfen: Mit zwei Zählern läßt sich – allerdings nicht ganz ohne Schwierigkeiten durch den ziemlich komplizierten Versuchsaufbau – ein **Lottozahlen-Generator** aufbauen (lateinisch: *generator* = Erzeuger).

„6mal eine Zahl zwischen 1 und 49" heißt die Aufgabe, die elektronisch zu lösen ist. Der Zähler muß also durch die Zahl 50 zum Reset gebracht werden. In den Versuchen ab Nr. 45 hast du bereits gesehen, wie man das macht.

Außerdem muß die Zahl 00 übersprungen werden, da 01 die kleinste mögliche Gewinnzahl ist. Eine solche Voreinstellung des Zählers kennst du aus Versuch 55.

Die Abbildung auf der nächsten Seite zeigt den kompletten Aufbau. Zum Testen die prellfreie Eingabetaste benutzen! Später zum Ermitteln der sechs Lottozahlen kommt natürlich wieder der besonders schnelle Taktgeber zum Einsatz.

Durch Ändern des Rücksprungs läßt sich auch das Auswahl-Lotto „6 aus 45" elektronisch spielen.

Vielleicht findest du jemanden, der an das elektronisch erzeugte Glück glaubt und mit deinen Zahlen einen Lottoschein ausfüllt. Übernimm aber bloß keine Gewinngarantie!

Biete deine elektronische Hilfe lieber kostenlos an. Laß dir als kleine Gegenleistung schriftlich bestätigen, daß du im Falle eines Gewinnes ein Promille abbekommst. Bei der Million, auf die alle Spieler hoffen, wäre das doch ein hübsches Taschengeld.

Immer wieder gibt es dumme Zeitgenossen, die auf solche Geheimtips aus dem Computer hereinfallen. Letztlich haben sie aber stets mehr Geld im Spiel verloren als planmäßig gewonnen. Der Grund ist ganz einfach:

Computer arbeiten exakt logisch nach Gesetzen, die in dem jeweiligen Programm vorgegeben sind. Im Versuch 53 hast du schon gelernt, daß es elektronisch eigentlich gar keinen echten Zufall gibt.

Deshalb werden die Lottozahlen ja auch rein mechanisch ermittelt.

Die rollenden und fallenden Kugeln, immer wieder nachgeprüft auf exakt gleiches Gewicht und glatte Oberfläche, gehorchen nur den Gesetzen der Schwerkraft und der Reibung. Gerade dadurch kommt es zu dem echten Zufall.

Ein Mathematik-Professor wurde im Fernsehen nach seinem Geheimtip für die Lottozahlen gefragt. Sein Tip: „1, 2, 3, 4, 5, 6."

Nanu? Ist der Mann noch ganz normal?

Hier seine Begründung: „Kein Spieler glaubt, daß diese Zahlenfolge jemals kommt. Alle Spieler glauben jedoch, daß ihre eigene Zahlenfolge kommen könnte. Ihre Reihe ist aber *genauso unwahrscheinlich* wie meine, obwohl das kein Spieler glauben will.

Und falls meine Zahlen jemals kämen, dann müßte ich den Gewinn vermutlich mit niemandem teilen, weil keiner auf solch verrückte Zahlen tippt. Übrigens, ich selber spiele natürlich gar kein Lotto..."

Lottozahlen-Generator

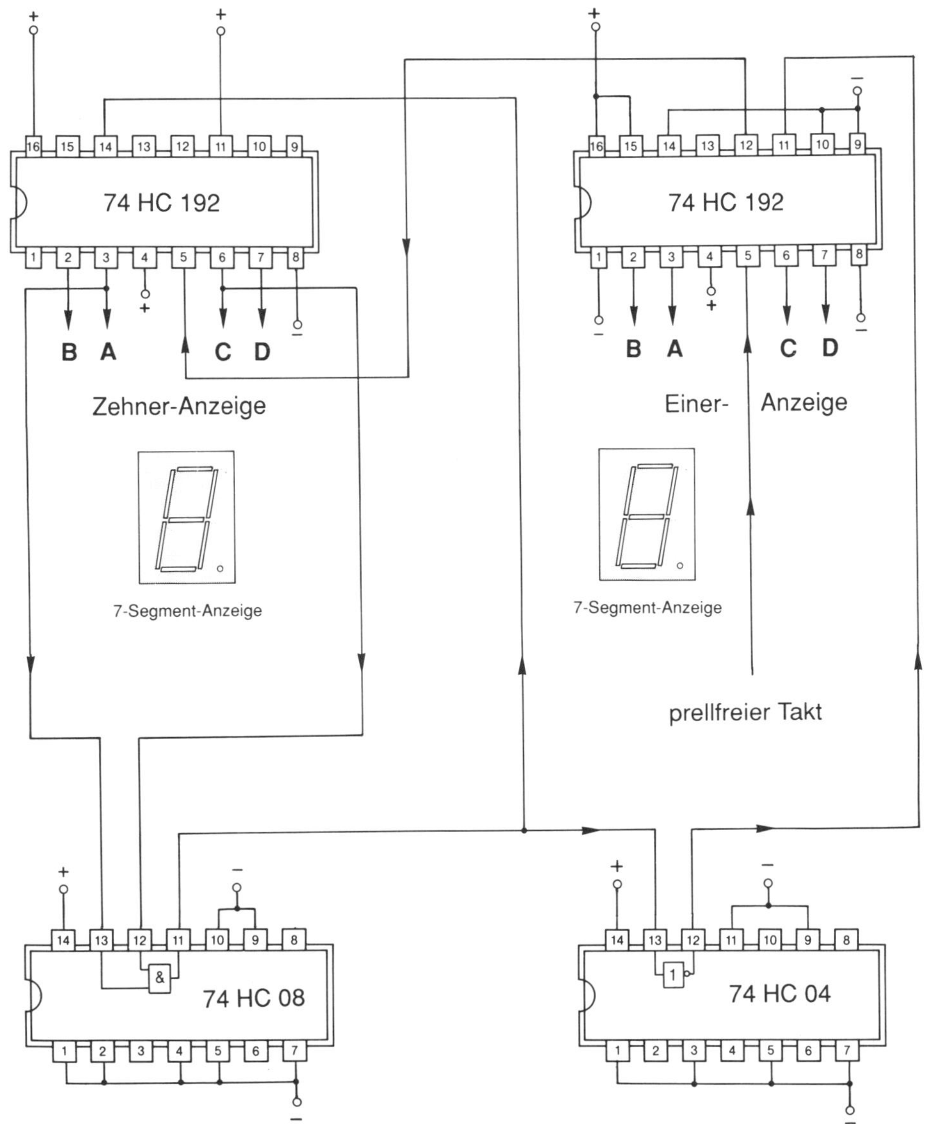

Zusatzaufgaben zur Lotto-Schaltung **6 aus 49**:
Bei welcher Dezimalzahl muß für die Zahlenfolge von 1 bis 49 der Reset erfolgen? ....
In der Schaltung oben wird der Reset ausgelöst von der BCD-Zahl XIXI XXXX.
Das X bedeutet hier, daß es völlig egal ist, welchen Wert das entsprechende Bit hat (0 oder I).
Der Wert dieser Bits wird nämlich gar nicht abgefragt.
Erkläre die Aufgabe der zugeschalteten logischen NICHT-Verknüpfungen.
Ändere die Schaltung zur Auswahl-Wette **6 aus 45,** also Reset bei der Dualzahl ....

Versuch 60:

Nimm einmal an, du hättest den Taktgeber so eingestellt, daß er seine Signale ganz genau im Sekundenabstand ausgibt. Wie könntest du dann aus zwei Zählern eine Uhr aufbauen, die die **Sekunden** anzeigt und nach „59" auf Null zurückspringt ?

Nachdem im Lottoversuch der Zähler nach der Zahl 49 zurücksprang, wird es dir sicher leicht fallen, den Reset nun nach 59 vorzunehmen. Allerdings muß diesmal die 00 angezeigt werden. Die Voreinstellung entfällt also.

Führt den Gruppenversuch durch, und sucht für die Taktgeber-Bauplatte einen (etwa) passenden Zusatzkondensator. Einen ganz exakten Sekundentakt werdet ihr vermutlich auch mit dem Poti nicht bekommen. Für diese Aufgabe wurden von den Technikern schließlich Schwingquarze erfunden.

Versuch 61:

Natürlich eignet sich der Versuchsaufbau 60 ebenfalls zur Anzeige der **Minuten**. Auch deren Zähler muß ja von 0 bis 59 anzeigen.

Kniffliger wird die **Stundenanzeige.** Deren Rücksprung muß nämlich nach 23 erfolgen. Dazu darf jedoch in der Einerstelle der Reset nicht allein durch die nachfolgende 4 ausgelöst werden, denn schließlich kommen die Zahlen 14, 15, 16 ... ja vor.

Vielmehr muß der Gesamt-Reset durch die Zahl 24 erfolgen.

Das Bild unten zeigt den Versuchsaufbau.

Baut die Schaltung wieder mit den Geräten von zwei Arbeitsgruppen auf und testet sie.

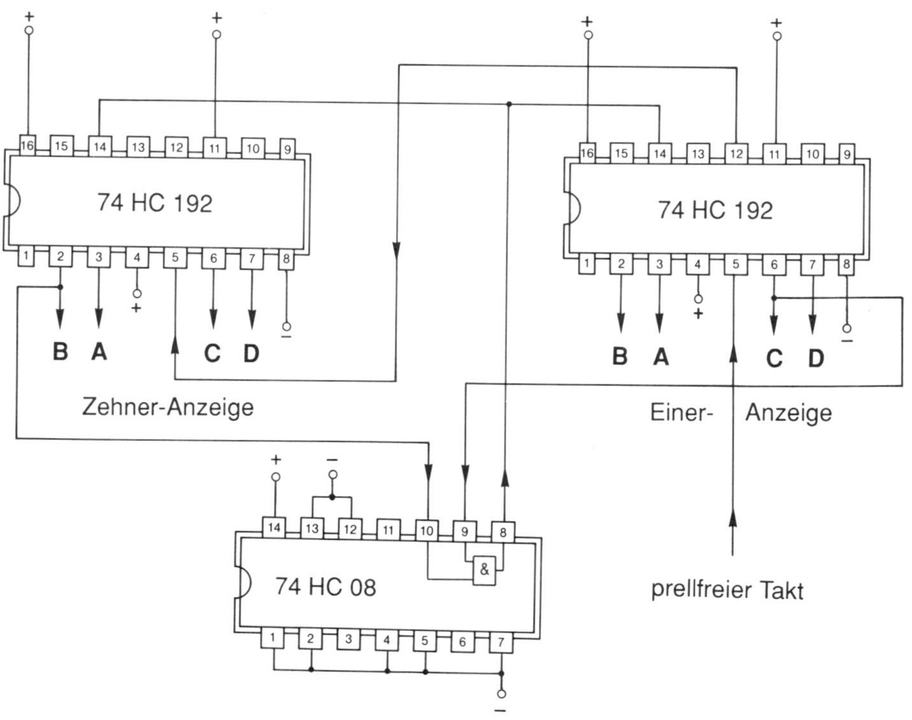

12-Bit-Binärzähler

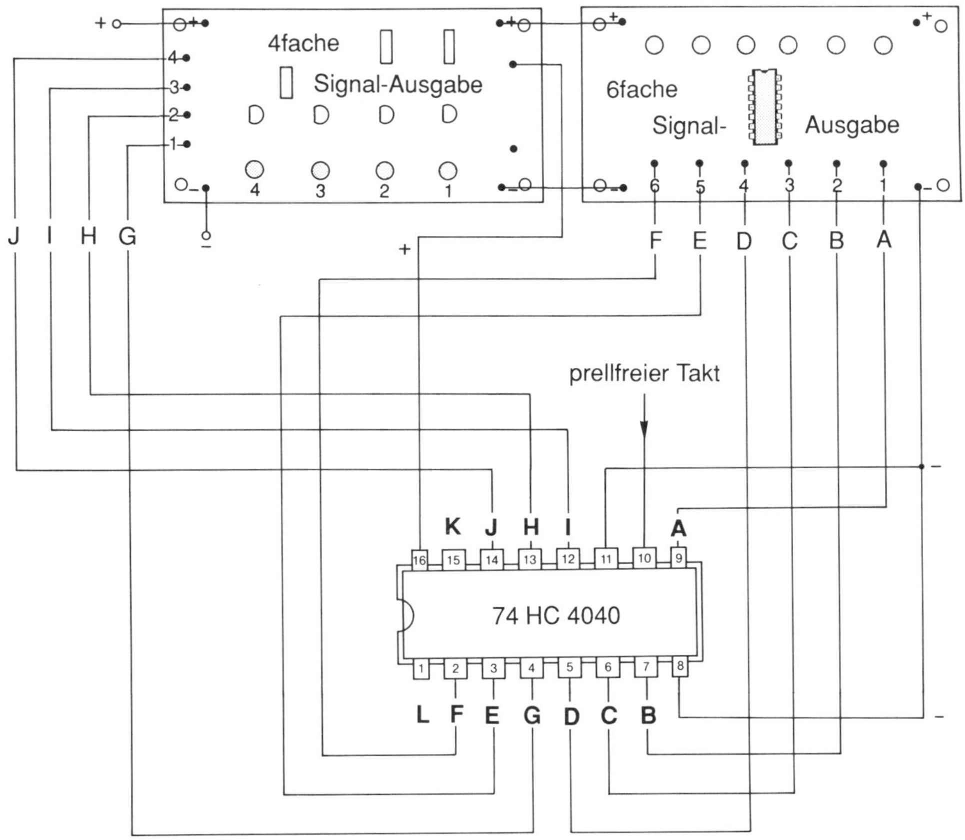

Versuch 62:
Das wird dir wohl gefallen: ein einziges kleines, 16beiniges IC, welches bis weit über Tausend zählen kann. Wie das möglich ist? Ganz einfach: Das IC 74 HC 4040 enthält einen 12stelligen Binärzähler. 12 Bits können ausgegeben werden. Wenn du also den ersten Ausgang für die Einer wie bisher mit dem Buchstaben A kennzeichnest und die nächste Stelle für die Zweier als B, dann erreicht dieser Zähler mit dem zwölften Ausgang den Buchstaben L.

Vervollständige die folgende Tabelle:

Ausgang	Wert	Dezimalzahl
A	2^0	1
B	2^1	2
C	2^2	4
D	2^3	8
E	2^4	...
F	...	...
G	...	...
H	...	......
I	...	......
J	...	......
K	...	......
L	2^{11}	......

Wenn nun alle Ausgänge das Spannungssignal *high* führen, dann kann der Zähler die *Summe all dieser Zahlen* anzeigen;

und das ist genau ....

Wenn du den Versuch nur mit deinen beiden Anzeigen (4fach LED und 6fache Ausgabe) aufbaust, so kommst du zusammen auf 10 Ausgänge. Nun ist die größte angezeigte Zahl ....

Nimmst du als Eingangssignal die prellfreien Impulse der Lichtschranke von Versuch 34, so kannst du elektronisch zählen lassen, wie oft z. B. Meisen in einen Nistkasten fliegen.

Sicher fallen dir weitere Anwendungen ein.

Versuch 63:
Das IC 74 HC 4017 ist ein Dezimalzähler, der nicht vier BCD-Ausgänge hat. Dieser sogenannte **Johnson-Zähler** hat vielmehr zehn einzelne Ausgänge. Mit denen kann er z. B. die Zahlen 1 bis 10 anzeigen.

Erinnere dich: Bei den bisher benutzten Zählern wurde mit einer 4-Bit-Anzeige z. B. durch das Aufleuchten der LEDs A und B die Ziffer **3** dual angezeigt. Oder aber es leuchteten in der besser ablesbaren Darstellung der 7-Segment-Anzeige jene fünf Segmente auf, welche die Ziffer 3 bilden.

Nun erfolgt die Ausgabe über *10 einzelne Leuchtdioden* – und so müßte in diesem Fall nur die **dritte** LED leuchten.

Baue den Versuch nach dem Schaltplan auf, und gib die Eingangssignale mit der prellfreien Taste ein.

Wenn du danach den Johnson-Zähler mit dem Taktgeber ansteuerst (mit einem Zusatzkondensator von ca. 10 µF), so leuchten die 10 LEDs schnell hintereinander auf. Falls die LEDs alle nebeneinander liegen, so ergibt sich dadurch ein hübsches **Lauflicht**.

Vermutlich hast du so etwas schon bei der Beleuchtung an Baustellen, Autobahnen und Landebahnen auf Flughäfen gesehen.

Versuch 64:
Wenn man die 10 Leuchtdioden aus Versuch 63 *im Kreis anordnet*, dann ergibt sich beim schnellen Takten des Zählers nicht der Eindruck eines Lauflichts, sondern es sieht so aus, als ob eine leuchtende Kugel im Kessel eines **Roulett**-Spiels rollen würde. Allerdings bleibt die „Kugel" sofort stehen, wenn du den Taktgeber stoppst.

Es läßt sich jedoch auch elektronisch erreichen, daß ein Takt allmählich immer langsamer wird. Das geht nur leider nicht mit deiner Taktgeber-Bauplatte. Dafür benötigst du vielmehr einen speziellen Roulett-Taktgeber. Seinen Schaltplan findest du im Lösungsteil.

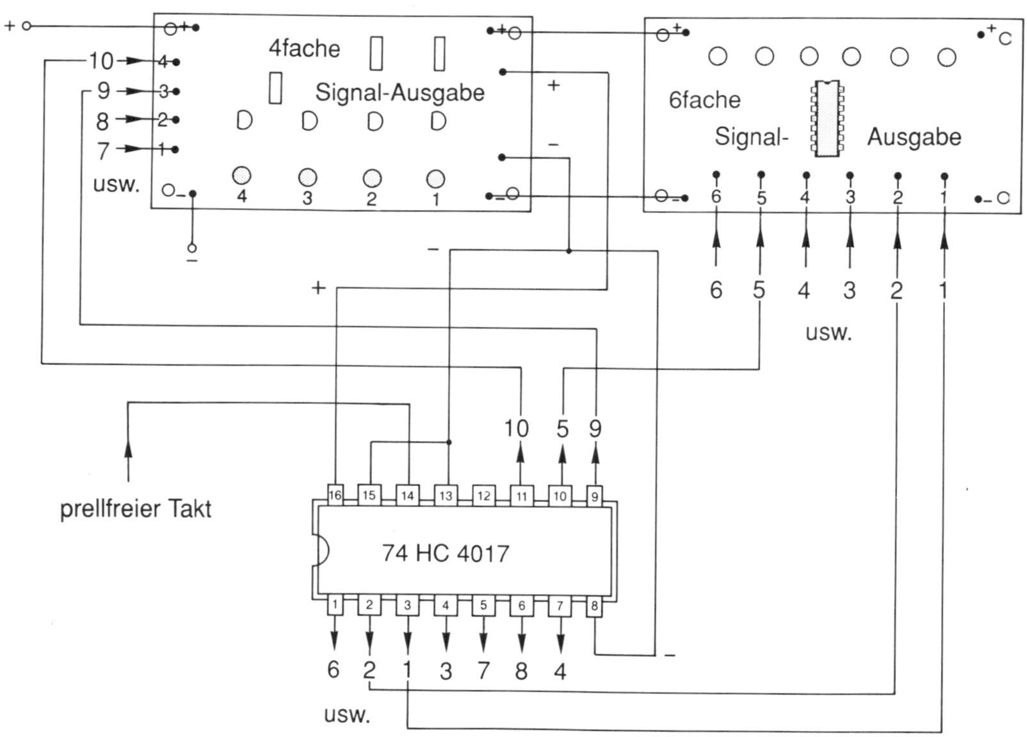

Versuch 65:
In den beiden letzten Versuchen hast du einen Zähler benutzt, der die zehn Ziffern eines Dezimalzählers einzeln an zehn Ausgänge meldet. Die zehn Takte, die sich ständig wiederholen, sollen nun zur **Programmierung einer Verkehrsampel** benutzt werden. Dabei sollen die roten und die grünen Phasen der Ampel jeweils vier Takte dauern, die gelben Phasen einen Takt. Das macht für einen kompletten Durchgang gerade zehn Takte. Schreibe hier zunächst die Reihenfolge der Ampelphasen auf:

Nach der Farbe **grün** folgt ....

Zeichne für die zehn Takte schraffiert ein, welche Lampe nach den oben beschriebenen Bedingungen leuchten muß. Beginne mit der Farbe grün.

Farbe	**Takt 1**	**2**	**3**	**4**	**5**	**6**	**7**	**8**	**9**	**10**
rot										
gelb										
grün										

Früher hast du gelernt, daß man die Ausgänge eines ICs nicht untereinander verbinden soll. Darum mußt du jetzt auch zwischen die Ausgänge des Zählers und die LED-Anzeige *Schutzdioden* legen, die dies verhindern. Obwohl die einzelnen Ausgänge parallel geschaltet sind, haben sie auf diese Weise doch keine direkte Verbindung untereinander. Den Diodentyp kannst du beliebig auswählen. Sehr preiswert ist der Typ 1 N 4148.

Während der ersten vier Takte soll die grüne LED aufleuchten. Erkläre die Schaltung der Dioden. Erkläre die Anordnung der Schutzdioden für die gelbe LED! Die soll ja beim fünften und zehnten Takt leuchten, aber ...

Teste die Schaltung zunächst mit dem Takt der prellfreien Eingabetaste.

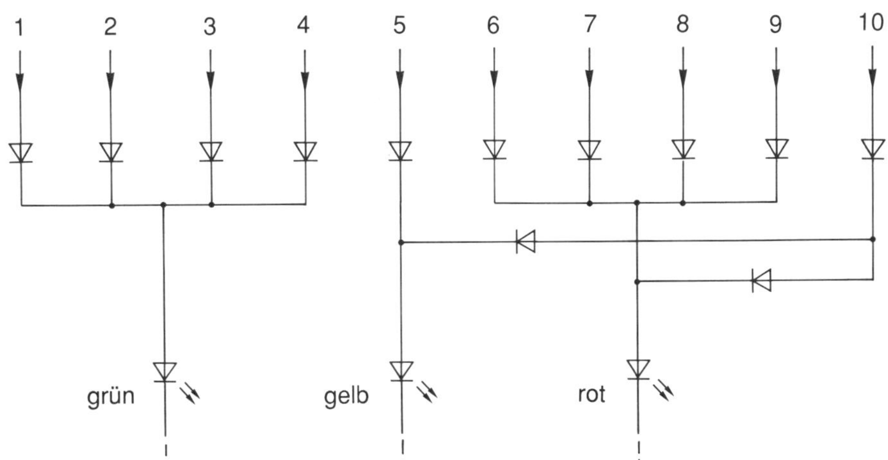

6fache Signal-Ausgabe

Schieberegister 74 HC 164 Versuche 66 + 67

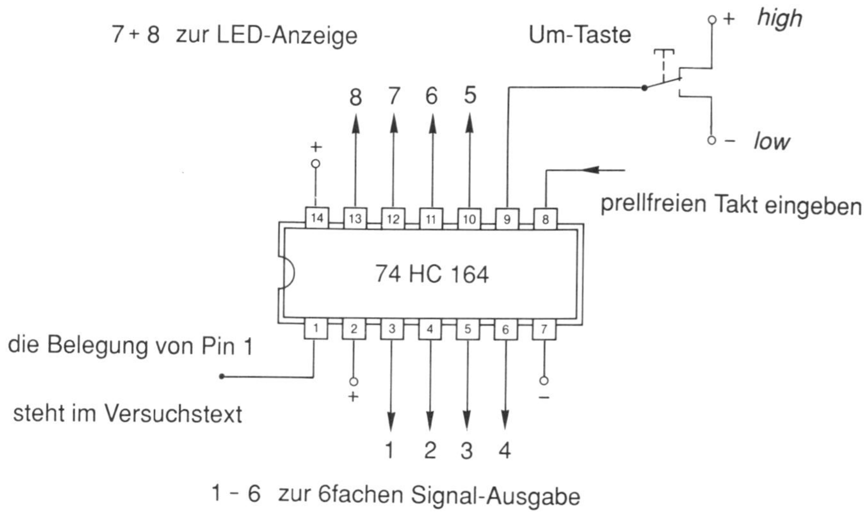

Versuch 66:
Wenn du ein Schieberegister in Aktion sehen möchtest, solltest du mal deinen Taschenrechner holen. Nach dem Einschalten wird er vermutlich auf der Anzeige in der rechten Ecke eine Null ausgeben. Tippe eine 8 ein; die erscheint dann anstelle der Null. Drücke anschließend immer wieder auf die Taste mit der Ziffer 1.

Ergebnis:
Die 8 wird immer weiter ....

Baue jetzt den Versuch nach dem Schaltplan oben auf. Weil das IC 74 HC 164 ein **8stufiges Schieberegister** besitzt, bleiben zwei LEDs der 4fachen Signal-Ausgabe unbenutzt.

Verbinde IC-Beinchen 1 mit dem Pluspol, und gib mit der prellfreien Taste Signale an den *Takteingang des ICs* (an Bein 8). Was beobachtest du?

....

....

Betätige den UM-Taster, der zum IC-Bein 9 führt. Was wird wohl über diesen Anschluß gesteuert?

....

Das gleiche erreichst du bei dem Versuch mit dem Taschenrechner oben, wenn du die Taste

..................drückst.

Versuch 67:
Dein Schieberegister enthält 8 Flipflops, und jedes kann ein Bit speichern. Die Flipflops sind so miteinander verbunden, daß sie die in ihnen steckende Information (0 oder 1) mit jedem neuen Takt um eine Stelle weiterschieben.

Das soll dir dieser Versuch in Zeitlupe zeigen: Wichtig ist dabei der sogenannte *Vorbereitungseingang* des ersten Flipflops. Er liegt an Beinchen 1. Wenn an ihm die Spannung *low* ist, so übernimmt der erste Speicher beim nächsten Takt die Information „0“. Ist die Spannung *high*, so wird die Information „I“ übernommen.

Verbinde Bein 1 mit dem Minuspol, und wiederhole Versuch 66.

Ergebnis: Das Schieberegister übernimmt beim Takten die Information ....

Verbinde Bein 1 mit dem Pluspol, und drücke *nur einmal* die prellfreie Taste. Die erste LED wird aufleuchten. Trenne jetzt die Zuleitung zu Bein 1 vom Pluspol, und lege sie an den Minuspol. Gib anschließend mit der prellfreien Taste weitere Taktimpulse ein. Beschreibe deine Beobachtung:

....

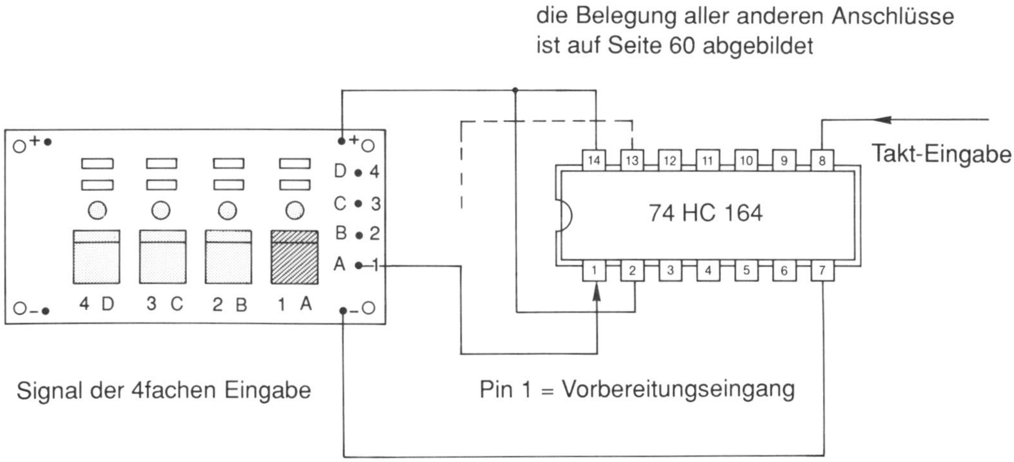

Versuch 68:
Schließe IC-Bein 1 an eine Taste der 4fachen Signal-Eingabe an. Deren Ausgang liegt bekanntlich nur dann am Spannungspegel *high*, wenn die entsprechende Taste gedrückt wird. Das sollst du für den Vorbereitungseingang ausnutzen.

Wiederhole V 67, wobei du dir das umständliche Umstecken der Zuleitung zum Beinchen 1 ersparen kannst. Du brauchst zur Vorbereitung jetzt nur die Taste der 4fachen Eingabe zu drücken ...

Und nun genau aufgepaßt:
1) Lösche jetzt das Schieberegister.
2) Drücke die Taste für den Vorbereitungseingang und gleichzeitig einmal die prellfreie Takttaste.
3) Lasse die Vorbereitungstaste los.
4) Gib einen weiteren prellfreien Takt ein.
5) Drücke die Vorbereitungstaste erneut, und gib noch einen Takt ein.
6) Laß alle Tasten los.

Welche LEDs leuchten? ....

Gib anschließend nur noch Taktsignale ein und beobachte, wie dein **Bit-Muster** schrittweise durch das ganze Register geschoben wird. Daher hat das Ding schließlich seinen Namen.

Wiederhole den Versuch mit eigenen, anderen Bit-Mustern.

Versuch 69:
Wenn du im letzten Versuch das Bit-Muster I 0 I durch die Flipflops des Schieberegisters „weitergereicht" hast, so bedeutet das natürlich nichts anderes, als daß du die Dezimalzahl 5 weitergegeben hast. Hier steckt auch die wichtigste Anwendung von Schieberegistern in der modernen Datentechnik: Sie können erstens Daten zwischenspeichern und zweitens die Daten auf Wunsch unverändert weiterschieben.

Bei deinen Versuchen ist es mit der Datenweitergabe allerdings nach dem 8. Speicher vorbei. Danach werden die vorher gespeicherten Daten aus dem Register herausgeschoben und sind somit endgültig verloren. Eigentlich schade, denn es gäbe doch sicherlich einen hübschen Licht-Effekt, wenn das Bit-Muster (z. B. I 0 I) aus dem 8. Flipflop gleich wieder in das 1. Flipflop eingelesen würde. Die Daten würden dadurch im Kreis wandern. Ein solches **Ringregister** sollst du jetzt herstellen.

Gib genau wie eben das Bitmuster I 0 I ein und schiebe es ins 3. und 5. Flipflop. Löse danach die Vorbereitungsleitung (zu Bein 1) von der Eingabeplatine, und verbinde sie mit IC-Bein 13 (dem Ausgang des 8. Registers). Anschließend gibst du nur noch weitere Taktimpulse ein. So entsteht ein Lauflicht, bei dem nicht nur *ein* Signal (wie im Versuch 63) weiterläuft.

1. Takt	**T**
2. Takt	**T E**
3. Takt	**T E C**
4. Takt	**T E C H**
5. Takt	**T E C H N**
6. Takt	**T E C H N I**
7. Takt	**T E C H N I K**
8. Takt	
9. Takt	**T**
10. Takt	**T E**
11. Takt	**T E C**
12. Takt	**T E C H**

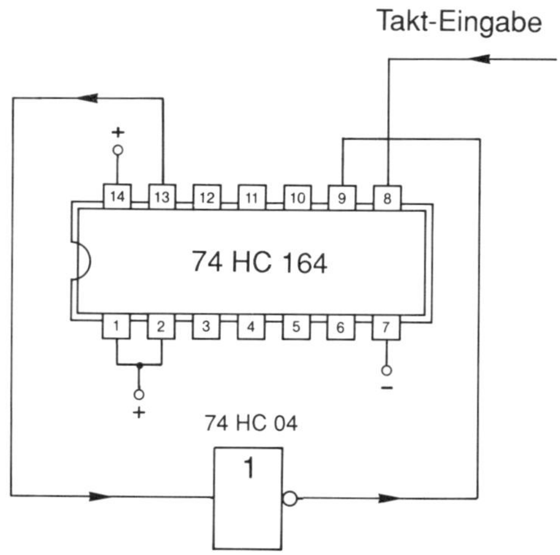

die Belegung aller anderen Anschlüsse ist auf Seite 60 abgebildet

Versuch 70:
Kennst du so ein ähnliches Bild wie oben aus Reklame-Beleuchtungen?

Buchstabenweise wird ein Wort aufgebaut, dann gehen alle Buchstaben aus, und alles beginnt von vorne.

Das läßt sich mit Hilfe deines Schieberegisters ebenfalls aufbauen, leider nicht mit einzelnen Buchstaben, sondern nur mit den entsprechenden 7 Leuchtdioden, aber immerhin ...

Und so baust du ein solches Register mit **Auffüll-Effekt**: Der Ausgang von Flipflop 8 bleibt während der ersten 7 Takte *low*. Dieses 8. Register nutzt du jetzt. Du invertierst seinen Ausgang und erhältst somit ein *high*-Signal. Dieses Signal legst du an IC-Bein 9, welches bekanntlich den Reset steuert. Erinnere dich: Dieser Reset wird erst ausgelöst, wenn an Bein 9 die Spannung *low* anliegt.

Baue die Schaltung nach dem Bild rechts oben auf und teste sie.

Erkläre:

a) Welche Wirkung hat es, daß der Vorbereitungseingang (Beinchen 1) ständig an dem Spannungspegel *high* liegt?

....

b) Welche Aufgabe übernimmt der Inverter, wenn ein Signal das 8. Register erreicht?

....

Versuch 71:
Nun soll das Schieberegister ähnlich wie im letzten Versuch aufgefüllt, danach aber ebenso schrittweise wieder abgeräumt werden. Wie erreichst du diesen **Abräum-Effekt**?

Das ist gar nicht so schwierig. In Versuch 67 hast du gesehen, daß das Schieberegister in seinen ersten Speicher die Information „0" übernimmt, wenn der Vorbereitungseingang (Bein 1) am *low*-Pegel liegt. Falls währenddessen aber noch „I"-Informationen in anderen Speichern stecken, so werden sie trotzdem mit jedem neuen Takt weitergeschoben, bis schließlich in allen Speichern Nullen stehen.

Wiederum mußt du das 8. Flipflop dazu nutzen, das Auffüllen und Abräumen zu steuern. Das Ausgangssignal des 8. Speichers sollte dazu wie im Versuch 70 invertiert werden.

Der Reset muß ständig ausgeschaltet sein (also Beinchen 9 an den Pluspol anschließen). Beinchen 1 darf nicht mit dem Pluspol verbunden sein, sondern muß ...

Mehr wollte ich dir eigentlich nicht von der Lösung verraten. Den Rest der Schaltung kann ein Profi wie du sicher alleine herausfinden.

Versuch 72 — Dualzahlen addieren

1

Versuch 72:
Computer haben es gut: Sie brauchen nicht mal bis 2 zählen zu können! Schließlich kennen sie nur 0 und I. Entsprechend einfach sind die Rechenregeln, die sie beherrschen müssen.

Bei der Addition sind mit Dualzahlen überhaupt *nur vier Aufgaben möglich* (Bild 1). Für den Computer ist dabei die „schwerste“ Aufgabe: I + I.

Löse du im Dualsystem: I + I + I = ...

Aus einzelnen logischen Verknüpfungen lassen sich Addierer aufbauen. Die benötigen zwei Eingänge für die Summanden (**A** und **B**) und einen Ausgang **Z** für die Summe und einen weiteren Ausgang **Ü**, falls ein Übertrag zur nächsten Stelle der Dualzahl erforderlich ist.

Solche Schaltungen bezeichnet der Techniker als **Halbaddierer**.

Ein Halbaddierer besteht eigentlich nur aus einem Gatter mit EXOR-Logik und einem mit AND-Logik (Bild 2). Du hast bereits im Versuch 25 aus vier einzelnen NAND-Gattern eine solche EXOR-Logik gebaut.

Gib die Werte der beiden Summanden mit der 4fachen Signal-Eingabetastatur ein. Die Ausgabe erfolgt über die 6fache Signal-Ausgabe.

Prüfe, ob dein Halbaddierer (Bild 3) die Additionsregeln für Computer richtig beherrscht.

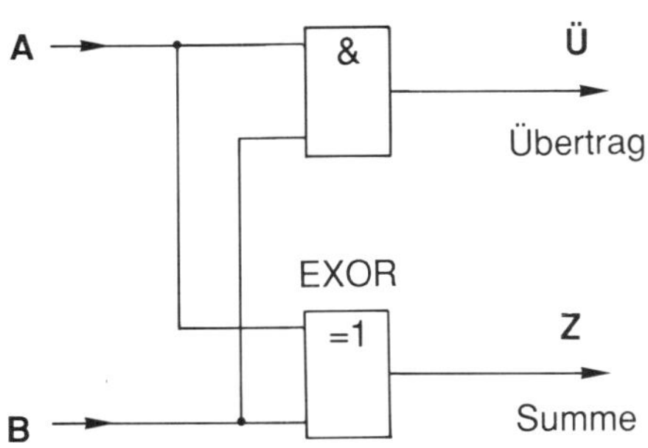

2

Wahrheitstabelle fürs Addieren:

A	**B**	**Ü**	**Z**
0	0	...	...
0	I	...	...
I	0	...	...
I	I	...	...

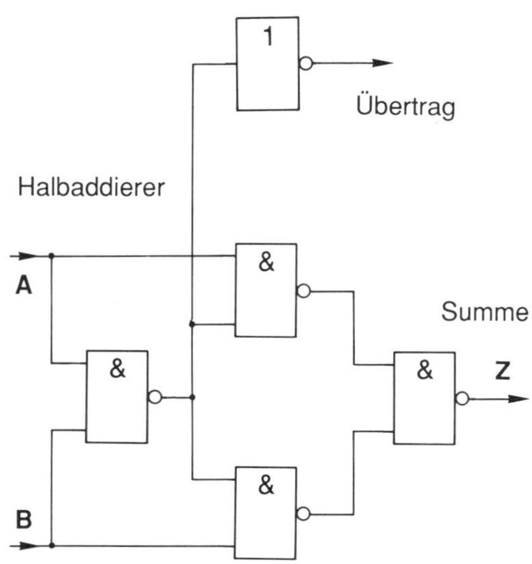

3

Versuch 73:
Bei den höheren Stellen der Dualzahl kann es nun vorkommen, daß zusätzlich zu den eingegebenen Dualzahlen auch noch ein Übertrag aus der nächstniedrigeren Stelle zu verarbeiten ist. Zähler, die an ihrem *Eingang* ebenfalls einen *Übertrag* verarbeiten können, nennt der Fachmann **Volladdierer.**

Die Schaltung im Bild rechts zeigt einen solchen Volladdierer, der aus einzelnen dir bekannten Logik-Gattern besteht. Du kannst ihn zwar mit deinen wenigen Logik-ICs nicht nachbauen, aber du solltest rechts die **Wahrheitstabelle** für diese Schaltung erstellen.

Die IC-Hersteller haben die Schaltung gleich komplett in ein IC gebaut: Das IC vom Typ 74 HC 283 ist ein solcher Volladdierer, der zwei 4stellige Dualzahlen zusammenzählen kann.

Eingegeben werden die Dualzahlen mit *zwei* 4fachen Eingabe–Tastaturen. Deshalb muß dieser Versuch wieder von zwei Gruppen durchgeführt werden. Die Anzeige des Ergebnisses erfolgt über die 6fache Ausgabe.

Prüfe, ob das IC mehrstellige Dualzahlen richtig addiert, z. B.

1. Summand	I I I I
2. Summand	I 0 I
die Summe	....

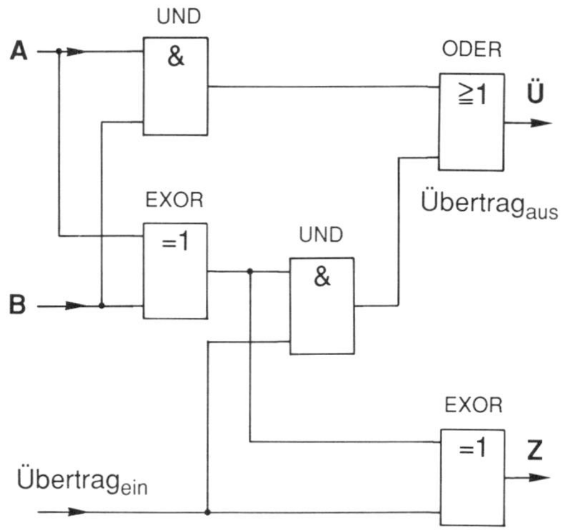

Volladdierer

Wahrheitstabelle für einen Volladdierer:

Ü$_{ein}$	**A**	**B**	**Ü$_{aus}$**	**Z**
0	0	0	0	0
0	0	I	0	I
0	I	0	0	...
0	I	I	...	...
I	0	0	...	...
I	0	I	...	...
I	I	0	...	...
I	I	I	...	...

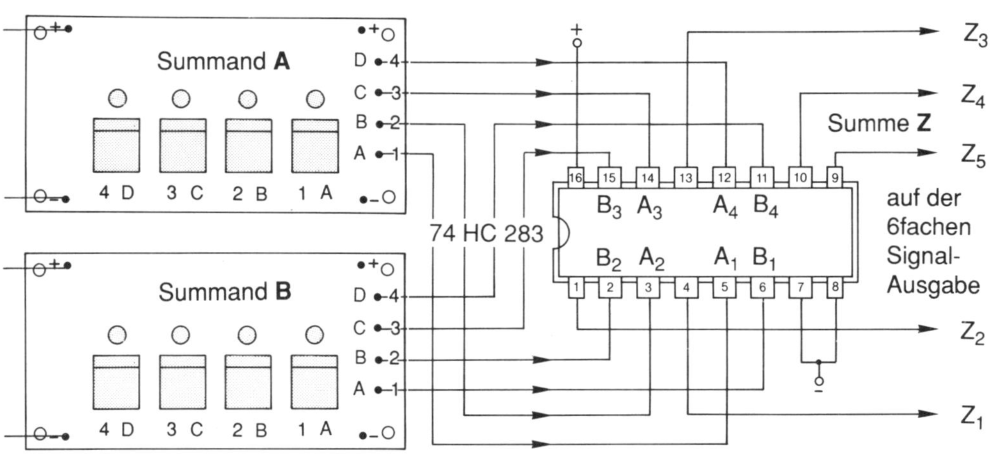

Als echter Volladdierer hat das IC zusätzlich einen Übertrag am Eingang (Bein 7).
Zusatzversuch: Gib ein *high*-Signal als Übertrag ein. Lege dazu Bein 7 an den Pluspol.

... und wie multipliziert ein Computer?

Wie ein Computer addiert, das hast du gerade selbst im Experiment erlebt. Er bildet die Summe der einzelnen Dualzahlen, wobei er nur recht wenige Grundaufgaben kennen muß, wie z. B. 0 + 0 oder 0 + I oder I + I. Das sieht ja nun wirklich nicht nach besonderer Intelligenz aus.

Und wie ist das beim Multiplizieren? Noch einfacher: Der Computer kann es nämlich gar nicht! Er löst alle Multiplikationsaufgaben durch Addieren. Wenn er zum Beispiel 47 x 18 ausrechnen soll, dann schreibt er eben die 47 als Dualzahl hin und addiert sie 18mal. Du meinst, das wäre aber höchst umständlich? Vorsicht, urteile nicht zu früh!

Schau dir lieber erst an, wie das ganze im Dualsystem des Computers aussieht.

Die Zahl 47 kennt er ja gar nicht. Bei ihm ist das im dualen System I 0 I I I I. Diese Zahl schreibt er sich zunächst in einen seiner Speicher, z. B. den Speicher A.

Und die Zahl 18 lautet dual I 0 0 I 0. Sie kommt in den Speicher B.

Der Computer löst nun seine Aufgabe, die Zahl A genau B-mal zu addieren, in mehreren Schritten. Als erstes zerlegt er die duale Zahl B (hier also I 0 0 I 0) und findet, daß sie zusammengesetzt ist aus dual I 0 0 0 0 und I 0.

Er muß also (in seinem Dual-Code) die Zahl A zunächst I 0 0 0 0-mal addieren und danach noch I 0-mal.

Jetzt zeigt das Dualsystem seine Stärke: Wenn man eine Zahl I-mal addieren soll, braucht man sie ja nur noch einmal unverändert hinzuschreiben. Soll man sie I 0-mal addieren, muß man sie um eine Stelle weiter nach links schreiben und hinten (rechts) eine Null ergänzen.

Um sie I 0 0 0 0-mal zu addieren, schiebt man sie einfach um vier Stellen weiter nach links und füllt die hinteren Stellen (auf der rechten Seite) mit Nullen auf.

Ist dir etwas aufgefallen? Dieses „nach links Schieben" und „rechts Auffüllen mit Nullen" hast du doch gerade kennengelernt ... Richtig, das war die Aufgabe, die sich mit einem Schieberegister lösen ließ.

Der Computer holt sich also die Zahl A aus seinem Speicher, bringt sie in ein Schieberegister, schiebt anschließend viermal eine Null ein und holt sie wieder aus dem Schieberegister heraus. Er legt sie in den neuen Speicher C.

Danach löscht er das Schieberegister und holt sich noch einmal die Zahl A. Diesmal schiebt er sie nur um eine Stelle weiter, also mit einer zusätzlichen Null am Ende. Die neue Zahl kommt anschließend in Speicher D. Jetzt ist der Volladdierer dran. Er holt die Dualzahlen aus den Speichern C und D, addiert sie, und schon ist das Endergebnis fertig. Die ursprüngliche Zahl A wurde auf diese Weise mit der Zahl B multipliziert.

Hier noch einmal die Multiplikation in der Übersicht:

	in Speicher A:	in Speicher B:
Dezimalzahl 47	= Dualzahl I 0 I I I I	Dezimalzahl 18 = Dualzahl I 0 0 I 0. Speicher A mit I 0 0 0 0 multiplizieren = um 4 Stellen nach links verschieben und als Zwischenergebnis in Speicher C.
in Speicher **C**: Dualzahl	I 0 I I I I 0 0 0 0	
		Speicher A mit I 0 multiplizieren = um 1 Stelle nach links verschieben und als Zwischenergebnis in Speicher D.
in Speicher **D**: Dualzahl	I 0 I I I I 0	
		Zwischenergebnisse C und D addieren.
Addiere **C** und **D**. **Summe** =	....	Welche Dezimalzahl ist das? ....

Urteile selbst:
Ist dieses Rechnen nicht kinderleicht? Sorry; computerleicht mußte das natürlich heißen.

Versuch 74:
Bist du ein Computerfreak? Dann weißt du natürlich, was ein RAM-Speicher ist und wie viele davon dein Computer hat.

Für alle anderen: RAM ist die Abkürzung für den englischen Begriff: *random **access** memory*. Übersetzt heißt das soviel wie: Speicher mit zufälligem Zugriff. Im Deutschen sagt man dazu: **Schreib-Lese-Speicher**. Jeder einzelne RAM-Speicher kann ein Bit (0 oder I) speichern. Und das Hineinschreiben dieses Bits oder das Herauslesen geschieht nicht in einer bestimmten Reihenfolge, sondern ganz so zufällig, wie der Benutzer es möchte. Jede beliebige Speicherzelle (auch „Adresse" genannt) läßt sich einzeln abfragen oder ändern.

Du sollst nun im Experiment einen ganz kleinen RAM-Speicher vom Typ 74 HC 670 kennenlernen. Er hat 4 Speicheradressen (0, A, B, AB). In jede kannst du ein aus 4 Bits bestehendes „Wort" hineinschreiben (z. B. I 0 I 0). Insgesamt ist es also ein 16-Bit-RAM.

Weil du zwei Eingabetastaturen benötigst, ist wieder Gruppenarbeit angesagt. Am besten schiebst du unter die Tasten einen Bogen Papier, auf dem du dir die Bedeutung der Tasten notierst (z. B. Schreiben A, B / Lesen A, B / Daten). Die Ausgabe erfolgt wieder über die 4- oder 6fache LED-Anzeige.

So wird in den Speicher geschrieben:
a) Tasten für gewünschtes „Wort" mit seinen **Daten** gedrückt halten (z. B. I 0 I 0).
b) **Schreibtasten** für die gewünschte Speicheradresse gedrückt halten (z. B. A + B).
c) Taste für die **Übernahme** in den Speicher einmal drücken.

Und so wird der Speicher später gelesen:
Lesetasten für die Speicheradresse drücken (z. B. A + B).

Schreib und lies vier Datenkombinationen.

Prüfe, was geschieht, wenn nach dem Einspeichern die Stromversorgung ausfällt.

Lege nach dem Einspeichern Bein 11 an *high*-Pegel. Lesen ist jetzt unmöglich. Der Speicherinhalt bleibt aber erhalten. Wieviel Strom (in mA) fließt nur „zum Behalten" in die Schaltung?

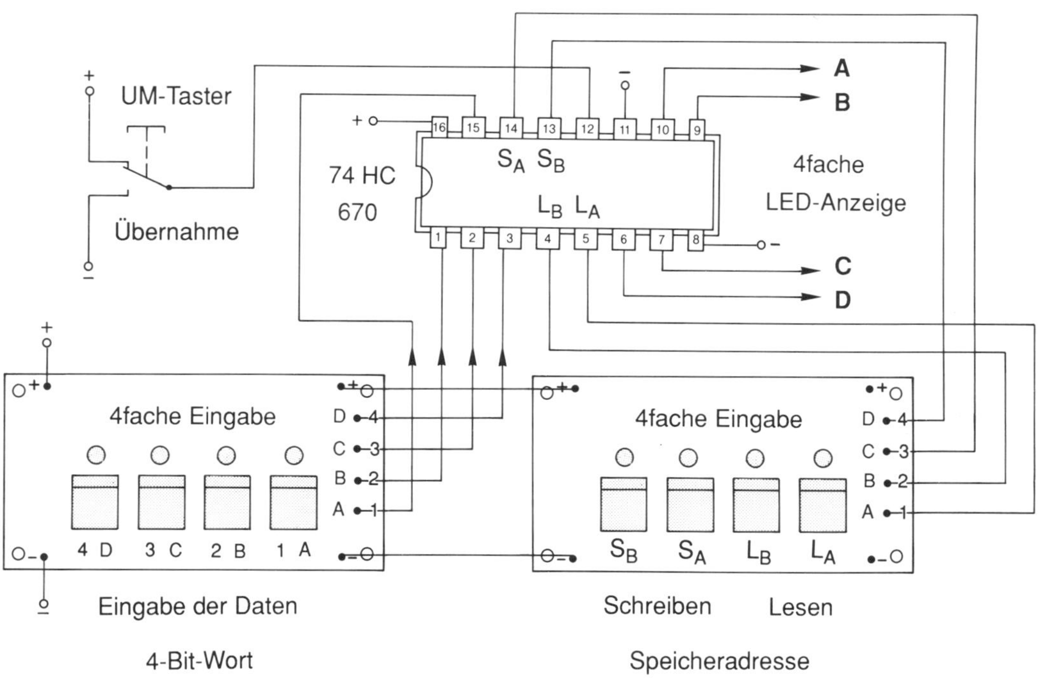

Lösungen
und Ergebnisse

Du erkennst alle Lösungsseiten sofort an dem grauen Balken. Falls sie schon jemand für dich abgetrennt und aufbewahrt hat, dann solltest du nicht gleich sauer sein:

Es macht auf Dauer viel mehr Spaß, an einem Problem einige Zeit herumzuknobeln, als ein paar Seiten weiter schnell die Lösung nachzulesen.

Ergebnis von Versuch 1:

Alle Spannungsangaben beziehen sich auf eine Versorgungsspannung von 5 V.

Signal *nein*	≙ Taster *nicht gedrückt*
≙ Eingangsspannung *low*	= 0,0 Volt
Signal *ja*	≙ Taster *gedrückt*
≙ Eingangsspannung *high*	= 4,94 Volt

Die Techniker haben übrigens eine sehr preiswerte Lösung für das Problem einer exakten Spannung von 5 V gefunden: Sie benutzen einen sogenannten **Festspannungsregler**. Der ist selbst wieder ein IC, das viele einzelne Bauteile enthält. Einen solchen Regler zeigt Bild 1.
Es ist der Typ **7805**. Die beiden letzten Ziffern verraten dir, daß an seinem Ausgang eine geregelte Gleichspannung von ganz genau 5 V herauskommt. Am Eingang muß dazu eine Gleichspannung von wenigstens 7 V liegen (bis 10 V möglich ohne Kühlung des ICs).
Der Ausgangsstrom eines solchen Reglers beträgt maximal 1 A, was für alle deine IC-Versuche ausreicht. Außerdem ist das IC sogar kurzschlußsicher. Wie du einen solchen Festspannungsregler an ein Netzteil anschließen kannst, zeigt Bild 2.

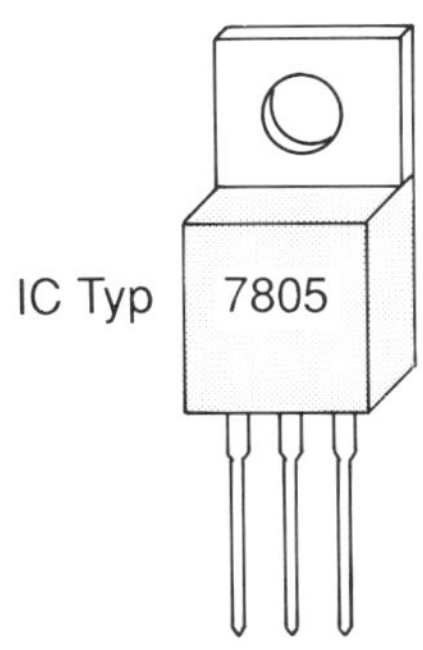

Spannungsregler für 5 V

1

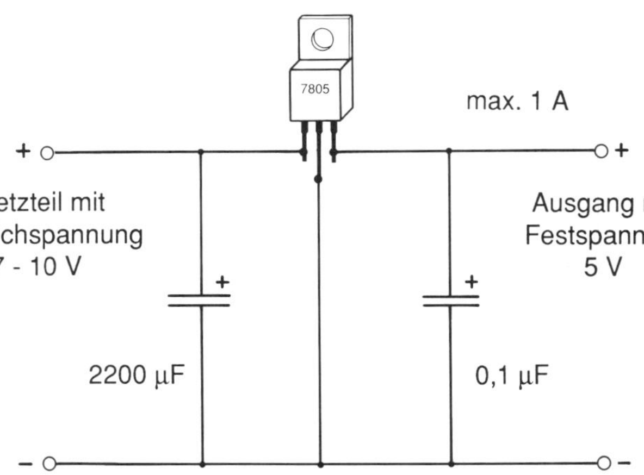

2

Lösungen V 2 bis V 4

Ergebnis von Versuch 2:

Taster nicht gedrückt	≙ Eingang *low*
≙ Ausgangsspannung *low*	= 0,0 V
Eingabetaster gedrückt	≙ Eingang *high*
≙ Ausgangsspannung *high*	= 2,74 V

Woher kommt der Unterschied zu der in Versuch 1 gemessenen Spannung des *high*-Signals?

Bei dieser Versuchsanordnung (also ohne IC zwischen Ein- und Ausgabe!) fließt im Zustand *high* der Steuerstrom für den Transistor über den 100 kΩ-Widerstand und den 3,3-kΩ-Widerstand zur Basis. Die Gesamtspannung von 5 V teilt sich jetzt wie folgt auf: 1,96 V für die LED, 0,7 V als Schwellenspannung für den Transistor, 0,08 V am 3,3-kΩ-Widerstand und 2,26 V am 100-kΩ-Widerstand. Zwischen diesem Widerstand und dem Minuspol mißt du im Versuch 2 die Signalspannung, nämlich 2,74 V = 5 V – 2,26 V.

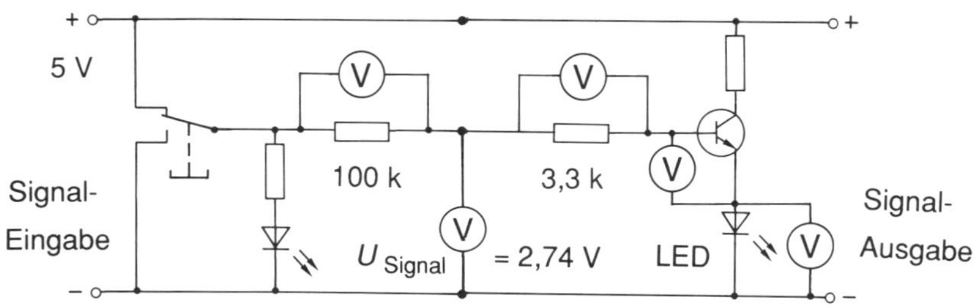

Ergebnis von Versuch 3:

So sieht die Wahrheitstabelle für die Logik aus, die im IC 74 HC 08 steckt:

Eingänge		Ausgang
A	**B**	**Z**
0	0	0
0	1	0
1	0	0
1	1	1

Schaltzeichen nach DIN für die **UND**-Verknüpfung:

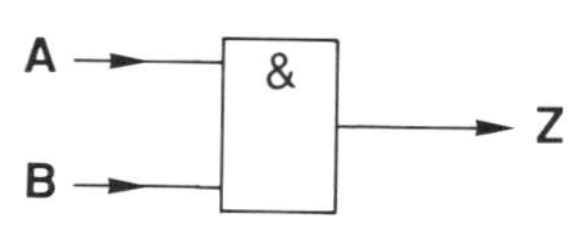

Der Ausgang Z zeigt nur dann den Zustand *ja* an, wenn das Signal am Eingang A **und** das Signal am Eingang B jeweils im Zustand *ja* ist.
Das IC 74 HC 08 verknüpft die Signale nach der **UND-Logik** (*englisch*: **AND**).

Ergebnis von Versuch 4:

Mißt man direkt am IC die Signalspannungen zwischen Ein- und Ausgang und dem Minuspol, so erhält man folgende Werte:

Signal	Spannung	Eingang	Ausgang
0 ≙	*low*	0,0 V	0,0 V
1 ≙	*high*	4,93 V	4,93 V

Ergebnis von Versuch 5:

Drei Eingangssignale werden nach der UND-Logik miteinander verknüpft:

Eingänge A	Eingänge B	Eingänge C	Ausgang Z
0	0	0	0
0	0	1	0
0	1	0	0
0	1	1	0
1	0	0	0
1	0	1	0
1	1	0	0
1	1	1	1

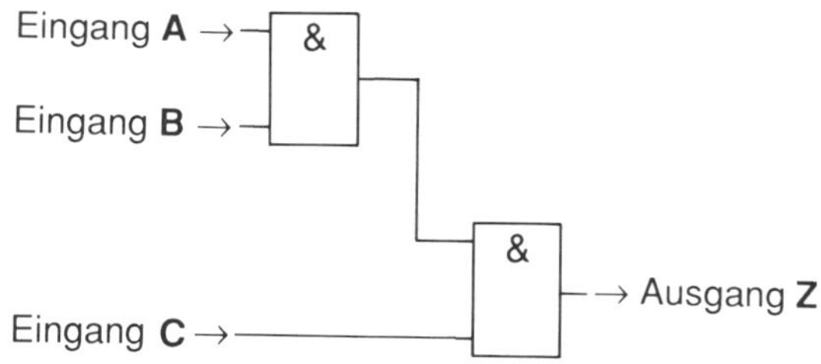

Ergebnis von Versuch 6:

Beispiel für eine UND-Verknüpfung von vier Eingangsbedingungen:
Ich kaufe mir den Gebrauchtwagen nur, wenn es ein Golf ist *und* der einen 5. Gang hat *und* ein Schiebedach *und* eine Metallic-Lackierung.

Ergebnis von Versuch 7:

Eingänge A	Eingänge B	Ausgang Z
0	0	0
0	1	1
1	0	1
1	1	1

Schaltzeichen nach DIN für die **ODER**-Verknüpfung:

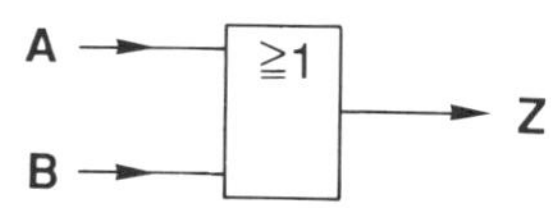

Der Ausgang Z zeigt dann den Zustand *ja* an, wenn das Signal am Eingang A **oder** das Signal am Eingang B **oder** an A und B gleichzeitig im Zustand *ja* ist.
Das IC 74 HC 32 verknüpft die Signale nach der **ODER-Logik**; bzw. international (= *englisch*) **OR**-Logik. Das IC enthält vier ODER-Gatter.

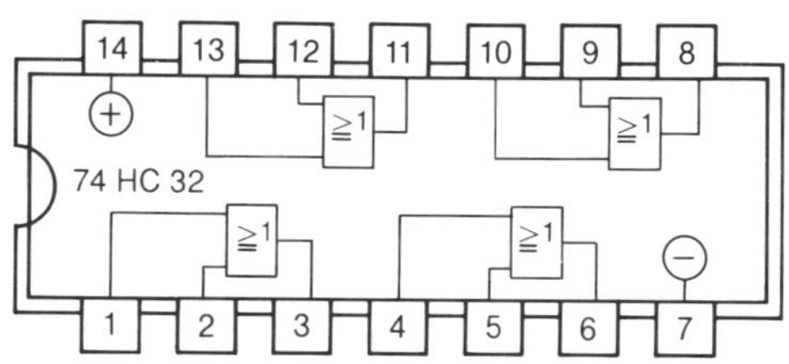

Ergebnis von Versuch 8:

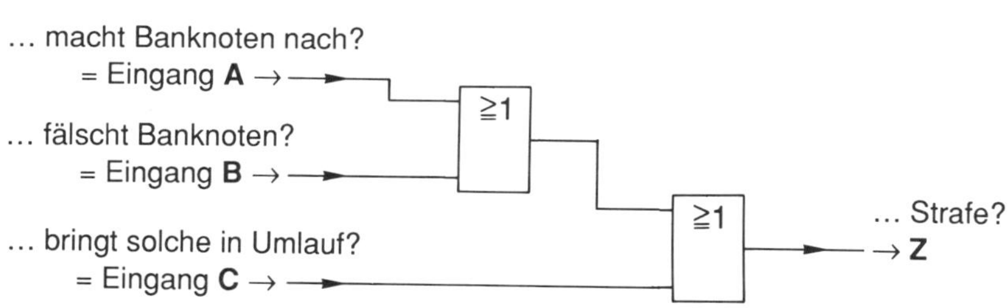

Lösungen V 9 bis V 11

Ergebnis von Versuch 9:

Bodenfrost bedeutet für den Autofahrer immer eine Gefahr, unabhängig von seiner Fahrzeuggeschwindigkeit. Nässe und Wasser auf der Straße werden erst dann gefährlich, wenn das Auto schneller als 80 km/h fährt. Dann können nämlich die Reifen das Wasser nicht mehr schnell genug an die Seite drängen: Wasser kommt zwischen Reifen und Straße. Dieses „Schwimmen" des Reifens auf einer dünnen Wasserschicht nennt man *Aquaplaning*.

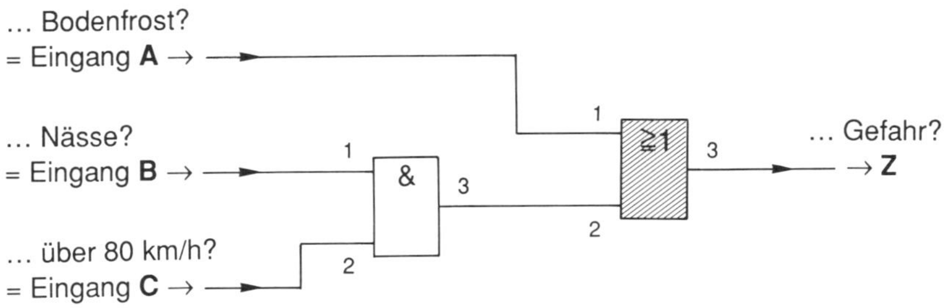

Ergebnis von Versuch 10:

Zunächst werden jeweils zwei Eingänge (A *und* B, A *und* C, B *und* C) durch eine **UND**-Logik miteinander verknüpft. Die Ausgänge dieser UND-Gatter werden anschließend durch **ODER**-Gatter verknüpft.

Ergebnis von Versuch 11:

Herr Stiegler kann die Uhr kaufen
mit Scheckkarte **und** Scheckformular **oder**
mit Scheckkarte **und** richtiger Geheimzahl **oder**
mit einer Lieferung auf Rechnung.

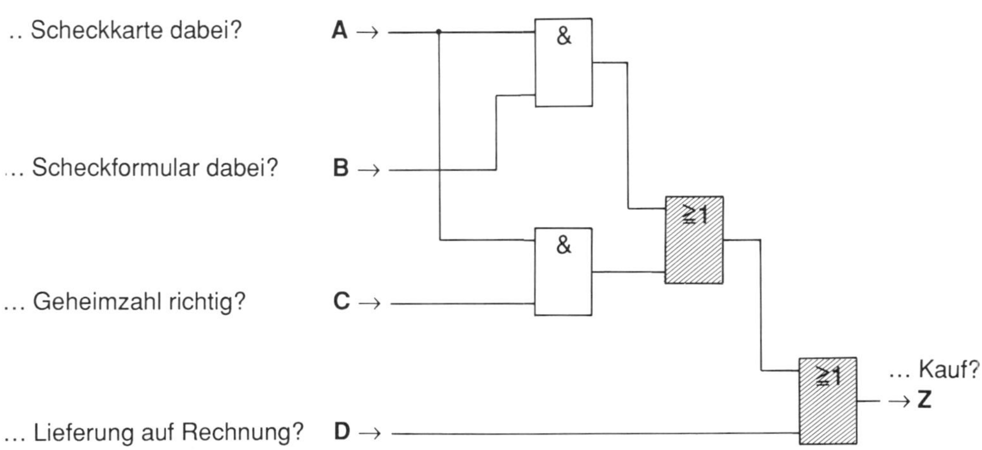

Ergebnis von Versuch 12:

Die LED am Ausgang des Gatters leuchtet, wenn der Taster am Eingang des Gatters gerade *nicht* gedrückt ist. Die LED leuchtet *nicht*, wenn der Taster gedrückt wird. Der Ausgang macht sozusagen das Gegenteil vom Eingang. Er **invertiert** das Eingangssignal.

Die Wahrheitstabelle:

Eingang	Ausgang
A	**Z**
0	1
1	0

Schaltzeichen nach DIN für die **NICHT**-Verknüpfung:

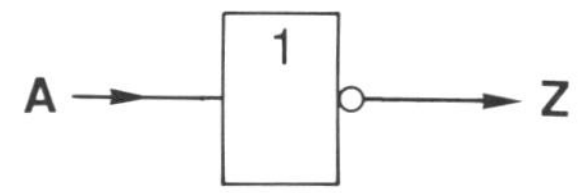

Der Ausgang zeigt dann den Zustand *ja* an, wenn am Eingang der Zustand *nein* herrscht.

Das IC 74 HC 04 verarbeitet Signale nach der **NICHT**-Logik; bzw. international (= *englisch*) **NOT**-Logik.

Das nebenstehende Bild zeigt dir, daß in dem IC 74 HC 04 sechs solche **Inverter** stecken.

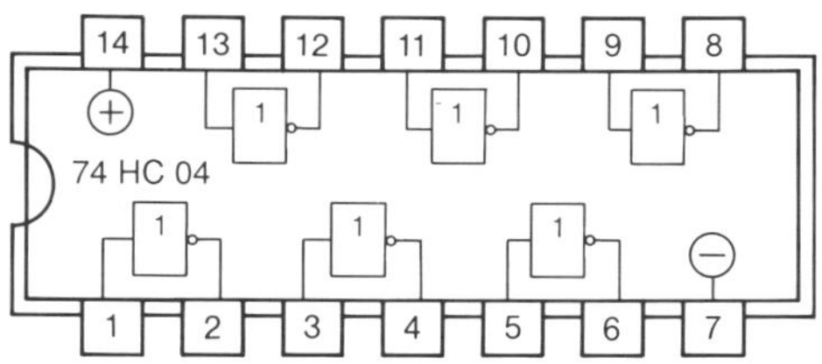

Ergebnis von Versuch 13:

Wenn man etwas Gutes *zweimal* invertiert (verneint), dann wird daraus wieder etwas Gutes: „Ich habe *kein* Geld *verloren*" – das ist etwas Gutes.

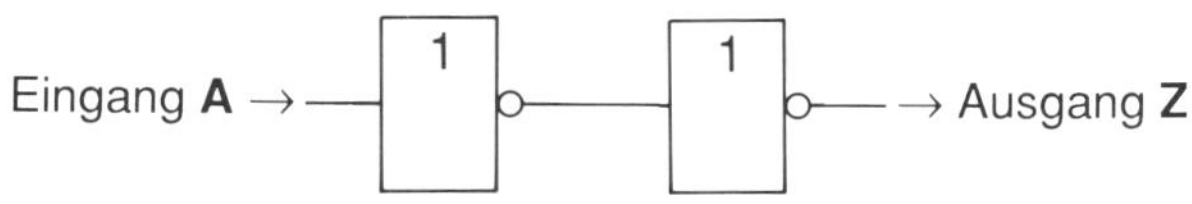

Ergebnis von Versuch 14:

Ein Autofahrer sollte bei der Polizeikontrolle den Führerschein **und** den Fahrzeugschein vorweisen können, aber **keine** Alkoholfahne. So müßte die logische Verknüpfung aussehen:

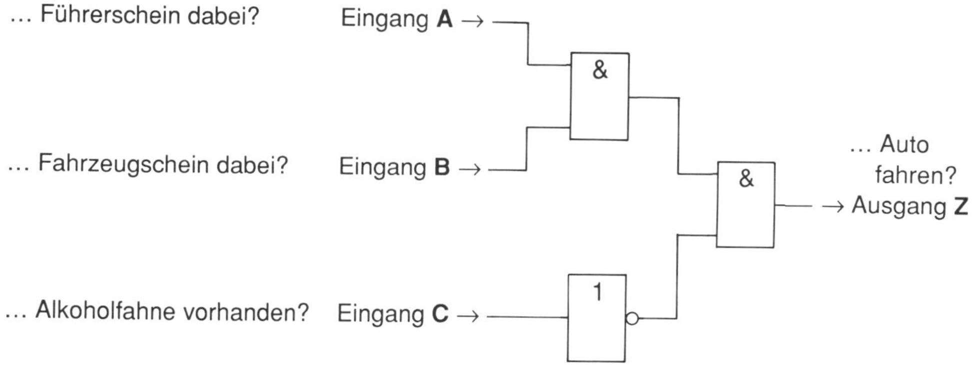

Ergebnis von Versuch 15:

Es ist ein großer Unterschied, ob man die Eingangssignale *vor* der UND-Verknüpfung invertiert oder ob man *nach* dem Verknüpfen das Ausgangssignal invertiert.

Hier wird *nach* dem Verknüpfen invertiert:

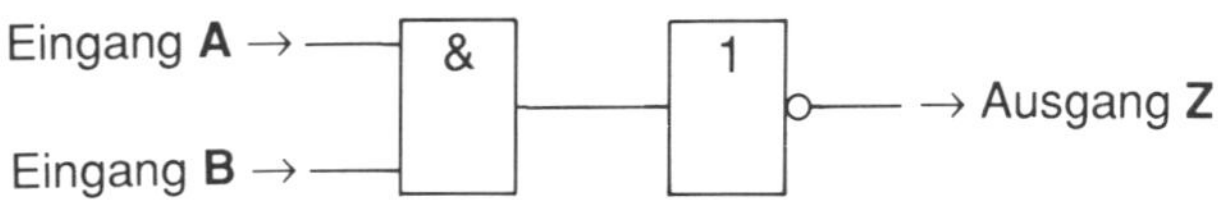

Eingänge A	Eingänge B	Ausgang Z
0	0	1
0	1	1
1	0	1
1	1	0

Das Ergebnis dieser Verknüpfungen ist das Gegenteil einer UND–Logik, mit anderen Worten eine **NICHT-UND**-Logik. Im *Englischen* nennt man dies eine Verknüpfung nach der **NAND**-Logik (eine Wortschöpfung aus *not* und *and*).

Nun wird *vor* dem Verknüpfen invertiert:

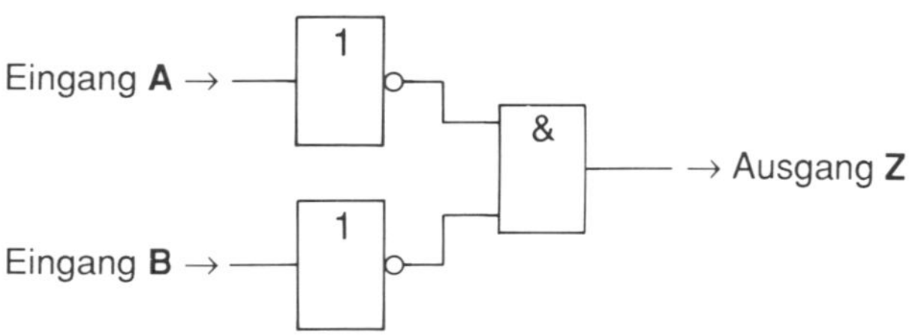

Eingänge A	Eingänge B	Ausgang Z
0	0	1
0	1	0
1	0	0
1	1	0

Das Ergebnis dieser Verknüpfungen ist das Gegenteil einer ODER-Logik, mit anderen Worten eine **NICHT-ODER**-Logik. Im *Englischen* nennt man dies eine Verknüpfung nach der **NOR**-Logik (eine Wortschöpfung aus *not* und *or*).

Ergebnis von Versuch 16:

Invertiert man *vor* einer ODER-Verknüpfung, so erhält man folgendes Ergebnis:

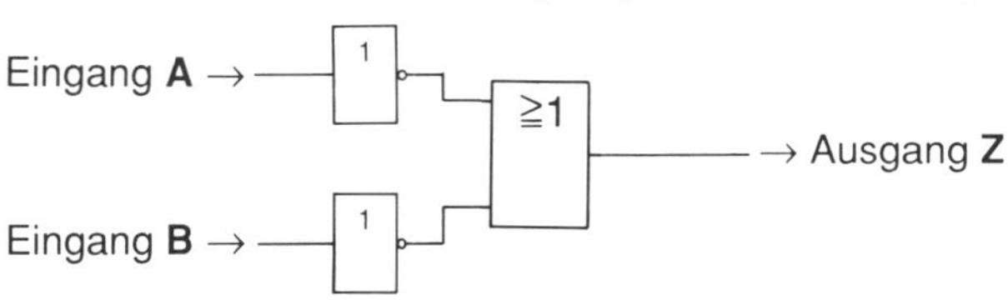

Eingänge A	Eingänge B	Ausgang Z
0	0	1
0	1	1
1	0	1
1	1	0

Das wird dich vielleicht erstaunen: Das Ergebnis entspricht wiederum einer **NAND**-Verknüpfung = **NICHT-UND**.

Eingänge A	Eingänge B	Ausgang Z
0	0	0
0	1	0
1	0	0
1	1	1

Und wenn man anschließend alles noch einmal invertiert, wird daraus wieder eine ganz normale **UND**-Verknüpfung.

Ergebnis von Versuch 17:

Schwimmen *oder* Radfahren, beides ist gesund.
Tabak *oder* Alkohol, beides ist *nicht* gesund. Das zusammen ergibt folgende Verknüpfung:

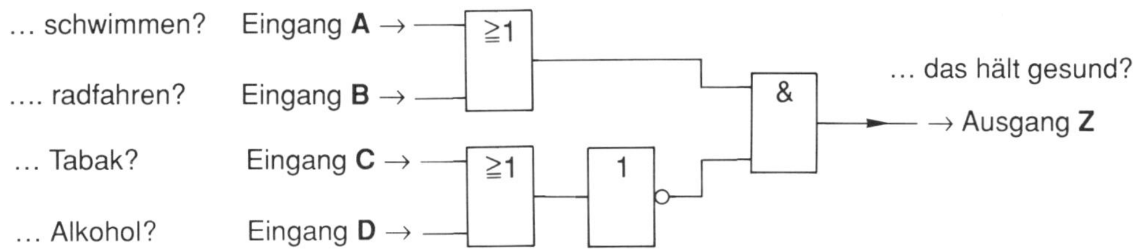

Du kannst das UND-Gatter in dieser Verknüpfung durch die Ersatzschaltung aus Versuch 16 ersetzen (UND-Logik aus einer ODER-Logik und drei INVERTERN).

Ergebnis von Versuch 18:

Das Ausgangssignal der kniffligen Schaltung wird nur dann *high*, wenn die Signale an den 4 Eingängen eine der drei nebenstehenden Kombinationen haben. Hier noch einmal zur Erinnerung der Reisewunsch von Frank:

	A	**B**	**C**	**D**
1)	0	0	1	0
2)	1	0	1	0
3)	0	1	1	0

„Frank möchte seinen nächsten Urlaub *nicht* mit seinen Eltern verbringen, sondern lieber allein *oder* mit seinem Freund Markus *oder* mit seiner Freundin Anja, natürlich nicht mit beiden zusammen." Wenn du dir die Tabelle ansiehst, so merkst du sofort:

Schaltungseingang **D** steht für Franks **Eltern**.
Schaltungseingang **C** steht für **Frank** selber.
Schaltungseingang **A** oder **B**, das kann der Freund **Markus** sein oder die Freundin **Anja**.

Ergebnis von Versuch 19:

Dieses ist der richtige Code: Taste **A** *und* Taste **D** muß man gleichzeitig drücken.
Taste **B** *oder* **C** darf man *nicht* drücken, denn die lösen den Alarm aus.

Erklärung der Schaltung: Die richtigen Eingänge (A und D) sind durch ein UND-Gatter verknüpft. Ein weiteres UND-Gatter mit einem INVERTER vor einem Eingang paßt auf, daß bei Fehlbedienung (B oder C) sich die Tür auch dann nicht öffnet, falls gleichzeitig die richtigen Tasten (A und D) gedrückt sind.

Die vier Gatter hinter den Eingängen B und C (drei INVERTER und ein UND) ergeben zusammen eine ODER-Verknüpfung! Solche Ersatzschaltungen hast du bei V 15 und V 16 kennengelernt. Zusätzlich wird über einen weiteren INVERTER und ein UND-Gatter noch überprüft, ob die Tür *nicht* geöffnet ist. Die geschlossene Tür wird dadurch zur Auslösung des Alarms mit überprüft. Durch *Umstecken der Eingänge* läßt sich der Code schnell verändern.

Lösungen V 20 bis V 23

Ergebnis von Versuch 20:

So sieht die Wahrheitstabelle für die Logik des ICs 74 HC 00 aus:

A	B	Z
0	0	1
0	1	1
1	0	1
1	1	0

Schaltzeichen nach DIN für die **NAND**-Verknüpfung:

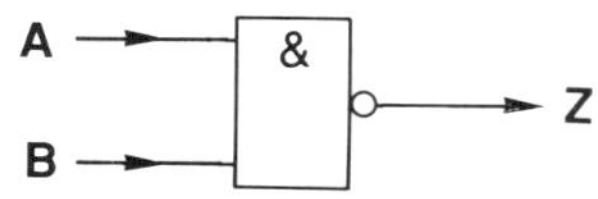

Das Ergebnis in einem Satz:
Der Ausgang eines Gatters im IC 74 HC 00 wird immer dann *high*, wenn ***nicht*** *beide Eingänge gemeinsam* ein Signal mit der Spannung *high* führen.

Die Logik in diesem Gatter entspricht also genau dem **Gegenteil** von einer **UND**-Logik. Man könnte sie eine **NICHT-UND**-Logik nennen. Gebräuchlicher jedoch ist die *englische* Bezeichnung **NAND** (eine Wortschöpfung aus *not* und *and*). Das zeigt sich auch im Schaltzeichen; es besteht zunächst aus dem Symbol für die UND-Verknüpfung, die anschließend verneint, invertiert wird durch den kleinen Kreis am Gatterausgang.

In dem IC 74 HC 00 stecken vier solche NAND-Gatter.

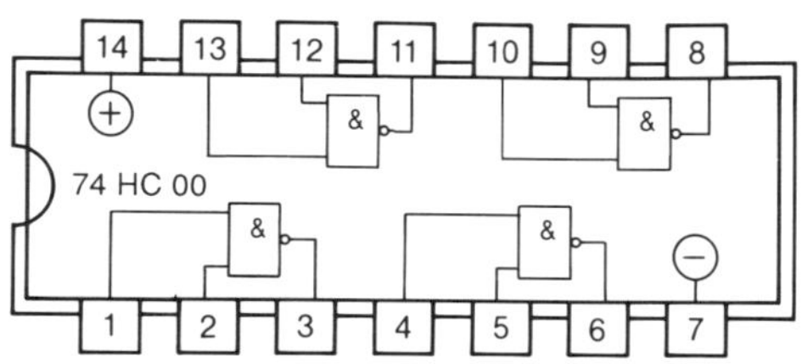

Ergebnis von Versuch 21:

Wenn man die beiden Eingänge A und B untereinander verbindet, dann können sie nur gemeinsam das Signal *high* oder *low* führen. Die Wahrheitstabelle oben schrumpft also zusammen auf die erste und vierte Zeile: Wenn an den verbundenen Eingängen ein *high*-Signal liegt, wird der Ausgang *low* und umgekehrt.
Das NAND-Gatter wird so zu einem einfachen **INVERTER** mit einer **NICHT**-Logik.

Ergebnis von Versuch 22:

Aus einem NAND (= NICHT-UND) und nachgeschaltetem INVERTER (= NICHT) wird durch die doppelte Verneinung wieder ein normales UND (AND).

Ergebnis von Versuch 23:

Werden drei NAND-Gatter in der richtigen Weise geschaltet, so entsteht daraus eine **ODER**-Verknüpfung.

Ergebnis von Versuch 24:

Schaltet man hinter das letzte Gatter aus dem Versuchsaufbau 23 einen weiteren (aus einem NAND hergestellten) INVERTER, so wird aus der ODER-Verknüpfung von Versuch 23 das Gegenteil, nämlich ein **NICHT-ODER** (*englisch* NOR). Ähnlich wie beim NICHT-UND, dem NAND, trägt auch hier das Symbol des Schaltzeichens den Kreis am Ausgang als Zeichen für das Invertieren.

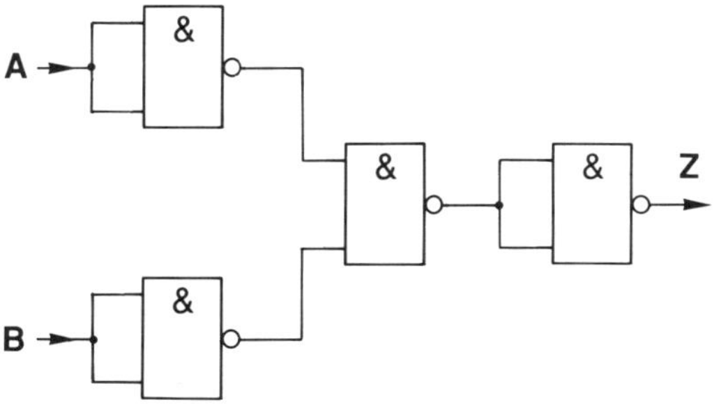

Wertetabelle für die NOR-Verknüpfung:

A	B	Z
0	0	1
0	1	0
1	0	0
1	1	0

Schaltzeichen nach DIN für die **NOR**-Verknüpfung (NICHT-ODER):

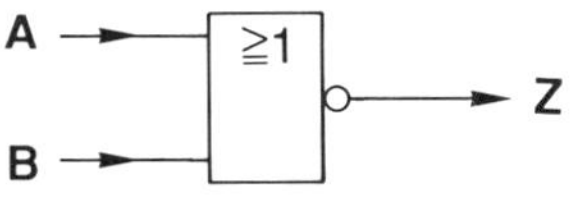

Ergebnis von Versuch 25:

Nur der Satz „Bei Regen *oder* bei Nässe muß man langsam fahren" enthält die eigentliche ODER-Verknüpfung. Regen alleine bedeutet nämlich Gefahr, Nässe alleine ebenfalls, aber auch beides gleichzeitig. Die ODER-Logik liefert bekanntlich am Ausgang den Wert *ja*, wenn einer der Eingänge oder auch beide gemeinsam den Wert *ja* führen.

Wenn wir in der Umgangssprache Sätze mit *oder* bilden, meinen wird zumeist die ENTWEDER-ODER-Verknüpfung: „Wir wollen in Spanien *oder* in Griechenland Urlaub machen." Man meint mit dieser Aussage nämlich nicht, daß man in Griechenland und Spanien *gleichzeitig* Urlaub machen möchte.

Ein **EXOR**-Gatter liefert am Ausgang das Signal *high*, wenn **entweder** Eingang A *high* ist **oder** Eingang B, aber nicht beide gleichzeitig.

A	B	Z
0	0	0
0	1	1
1	0	1
1	1	0

Schaltzeichen nach DIN für eine **EXOR**-Verknüpfung (ENTWEDER-ODER):

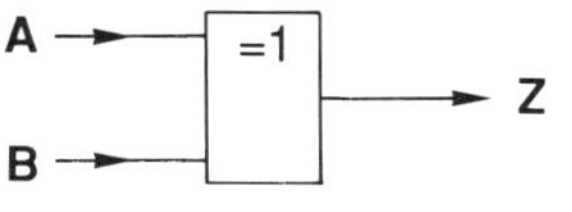

Im Symbol des Schaltzeichens steht deshalb nicht das *Größer-gleich-eins-Zeichen*, sondern nur das *Gleich-eins-Zeichen*. Das soll anzeigen, daß in der Wahrheitstabelle der Ausgang 1 wird, wenn nur *einer* der Eingänge den Wert 1 führt (aber nicht mehr als nur ein Eingang).

Lösung V 25, V 26

Lösung der Aufgabe zu V 25:

a) Karin kann nur *entweder* aufs Gymnasium gehen *oder* auf die Realschule, aber nicht auf beide gleichzeitig (**EXOR**-Verknüpfung).
b) Eingestellt wird, wer klug *oder* fleißig *oder* beides gleichzeitig ist (**ODER**-Verknüpfung).
c) Wir wollen entweder einen Ford kaufen oder einen Opel (**EXOR**-Verknüpfung).

Lösung der Aufgabe zu Konrad Zuses Computer (Seite 26):

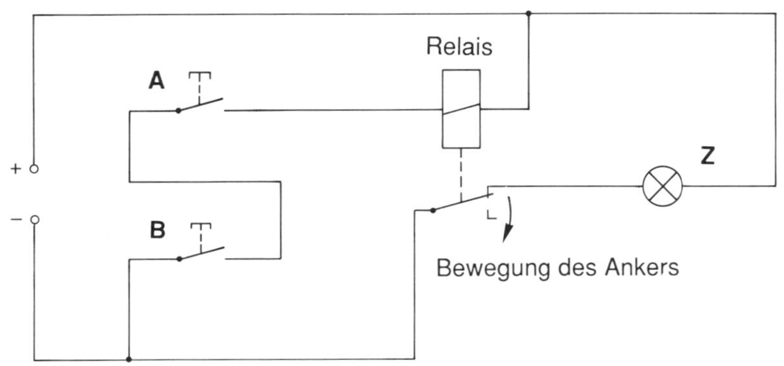

Ergebnis von Versuch 26:

Dies ist die Wahrheitstabelle für die Knobelaufgabe zum Segeln:

Eingänge			Ausgang
A	**B**	**C**	**Z**
0	0	0	0
0	0	1	0
0	**1**	0	**1**
0	1	1	0
1	0	0	0
1	0	1	0
1	**1**	0	**1**
1	**1**	**1**	**1**

Entsprechend den Bedingungen in der Aufgabe gehört der Eingang **A** zur Mutter, der Eingang **B** zum Vater und der Eingang **C** zum kleinen Sohn.

Lösung der Aufgabe zu den Signal-Diagrammen:

Die nebenstehende Zeichnung gibt den Signalverlauf für die UND-, ODER-, EXOR- und NAND-Verknüpfung wieder.

Besonders deutlich wird in diesem Diagramm, daß die NAND-Verknüpfung zweier Eingangssignale das genaue Gegenteil der UND-Verknüpfung ist. Immer wenn im UND-Diagramm die Spannung *high* ist, dann ist sie im NAND-Diagramm *low*, – und ebenso umgekehrt.

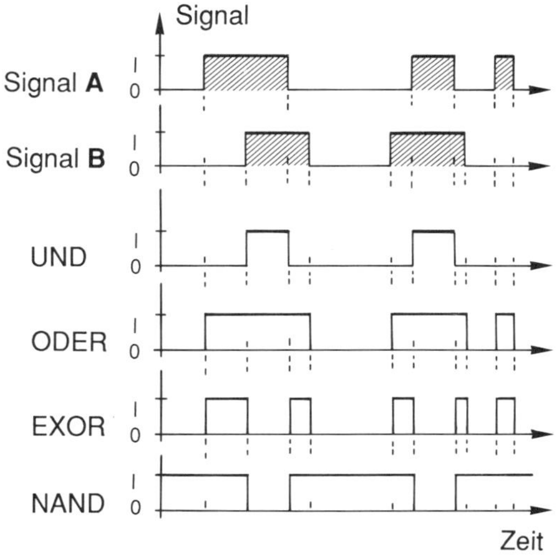

Ergebnis von Versuch 27:

Das IC 74 HC 00 mit der NAND-Logik ist durch diese Schaltung zu einer bistabilen Kippschaltung geworden, einem **Flipflop**. Das Kippen der Schaltung geschieht hier ebenso wie bei den einfachen Transistorschaltungen durch Berühren eines *Eingangs* mit einer Leitung, die den *low*-Pegel führt. Bei der Transistorschaltung führte eine Verbindung vom *Ausgang* der einen Transistorstufe zum *Eingang* der anderen – und umgekehrt; wobei sich die Verbindungsleitungen im Schaltbild überkreuzten. Das gleiche Bild findest du bei dem IC-Flipflop wieder.

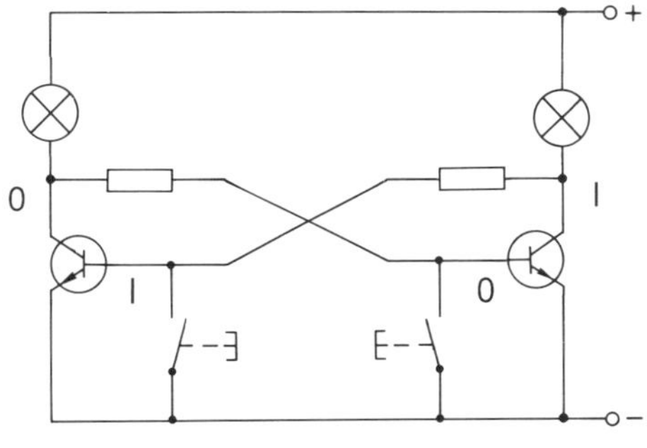

Transistor-Flipflop

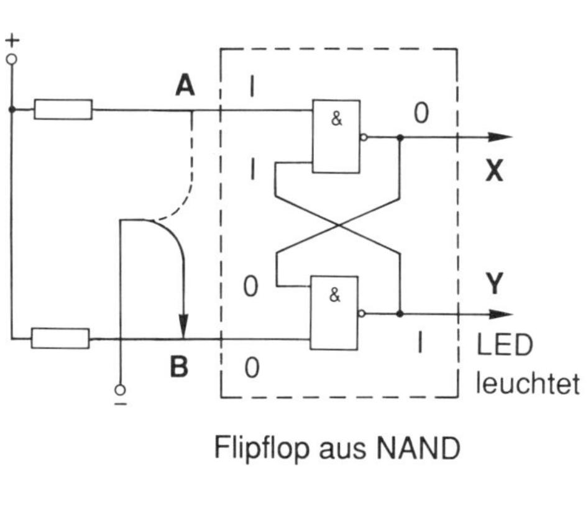

Flipflop aus NAND

Und warum darfst du bei dem IC-Flipflop nicht die normalen Eingabetasten benutzen?

Erinnere dich: Wenn die Eingabetasten *nicht* gedrückt werden, liegt ihr jeweiliges Ausgangssignal auf *low*, also an Minus. Bei einem Flipflop mit Eingabetasten hieße das: Beide Eingänge des Flipflops lägen an Minus. Das ist aber gerade der *verbotene* Zustand. Jeder Transistor führt nämlich an seinem Ausgang ein entgegengesetztes Spannungssignal wie an seinem Eingang (= INVERTER). Also bedeutet ein *low*-Signal am Eingang immer ein *high*-Signal am Ausgang. Dieses *high*-Signal muß zum Eingang des zweiten Transistors führen. Das ergibt ja gerade die zwei (= bi) stabilen Zustände der Flipflop-Schaltung.

Es ist daher verboten, die Eingänge beider Transistoren gleichzeitig an Minus zu legen. Ein Eingang muß stets über den Ausgang des zweiten Transistors an Plus liegen (*high*-Pegel).

Das gleiche gilt für ein IC-Flipflop. Schreibst du an die Ein- und Ausgänge der IC-Schaltung die logischen Zustände 0 und 1, so ergibt sich das nebenstehende Bild. Ergänze die logischen Zustände auch in der Schaltung auf Seite 28!

Ergänzung zu Versuch 28:

Die Hälfte des ICs 74 HC 00 hast du bei dem Spiel Zitterhand gar nicht genutzt. Du kannst ja mit den beiden letzten Gattern noch ein weiteres Flipflop schalten. Damit hast du die Möglichkeit, eine zusätzliche Spielbedingung mogelsicher zu überwachen.

Eine Anregung soll dir die folgende Zeichnung zum Spiel **„Lanzenstechen"** geben: Das linke Flipflop überwacht, daß man den Ring mit der „Lanze" *nicht* berührt, das rechte Flipflop kippt, wenn das Ziel erreicht und berührt wird.

Neu für dich ist, daß vom IC die Leuchtdioden direkt angesteuert werden, ohne Transistorverstärkung. Das IC wird durch den Ausgangsstrom zu den LEDs allerdings stark belastet.

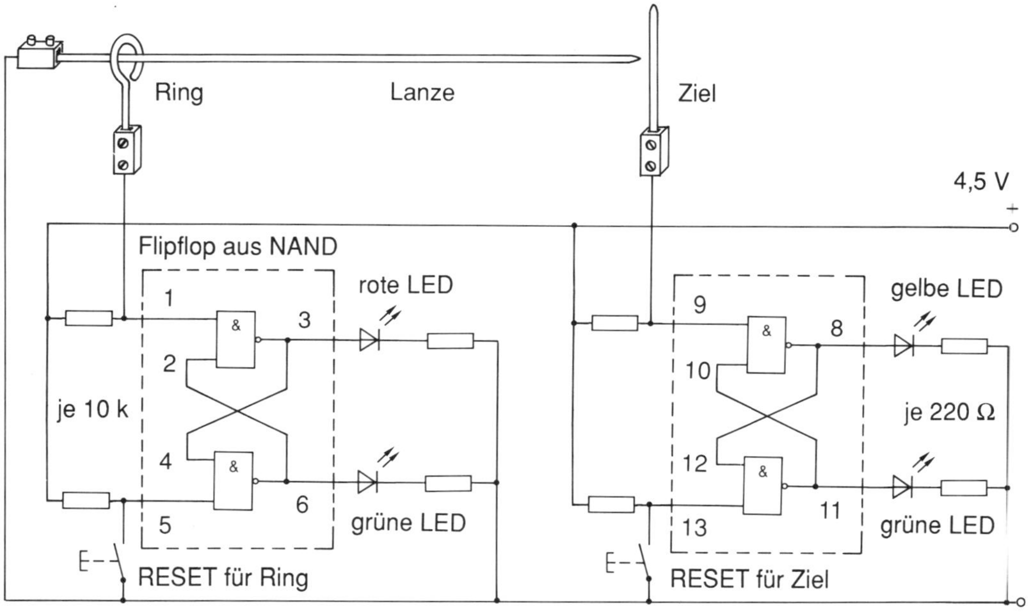

Ergebnis von Versuch 29:

Ein englisches Wörterbuch verrät dir:

delay bedeutet verzögern, aufhalten, verschieben.

Was bedeutet das für die Kippschaltung? Was wird hier verzögert oder aufgehalten?

Durch Spielen auf den beiden Eingaben C und D wirst du folgendes herausgefunden haben: Wenn du *abwechselnd* die Taster C und D drückst oder beide *einzeln mehrmals hintereinander* taktest, leuchtet immer die LED am Ausgang Y. Die Schaltung kippt nicht!

Die Schaltung kippt erst und die LED am Ausgang X leuchtet, wenn du Taster D (= Vorbereitungseingang) gedrückt hältst (= Signalzustand 1) und anschließend Taster C betätigst. Die Übernahme des Signals 1 am Eingang D wird also so lange verzögert, bis Taster C (= Steuer- oder Takteingang = englisch *clock input*) gedrückt wird. Hältst du weiterhin Taster D gedrückt (Signalzustand 1 bleibt) und gibst über Taster **C** (= *clock*) noch zusätzliche Taktimpulse ein, so ändert sich nichts mehr an dem Zustand der Kippschaltung.

Lasse nun Taster D los. Das Signal am Eingang D nimmt dadurch den Zustand 0 an. Wiederum kippt die Schaltung erst zurück, wenn Taster C gedrückt wird. Auch diesmal wird also der neue, geänderte Zustand am Eingang D erst verzögert übernommen. **D** steht deshalb für ***delay***.

Ergebnis von Versuch 30:

Durch Spielen wirst du folgendes finden: Tasten A und B bewirken das Kippen des Flipflops, wobei A die LED am Ausgang Y einschaltet und B die LED am Ausgang X.
Das Ganze funktioniert aber nur dann, wenn *gleichzeitig* Taste C gedrückt wird.
Das Hin- und Herkippen der Schaltung über zwei Taster erinnert an ein RS-Flipflop, allerdings gibt es hier zusätzlich den sogenannten Vorbereitungseingang C. Sein Zustand steuert das Kippen. Liegt an C der Signalzustand 0, so ist überhaupt kein Kippen möglich.

Dieses Flipflop kippt immer dann, wenn Taste C gedrückt bleibt (= Signalzustand 1) und anschließend auf Taste A oder B gedrückt wird.

Der Zustand am Eingang C steuert somit die Möglichkeit zum Kippen der Schaltung.

Ergebnis von Versuch 31:

Betrachte noch einmal die Schaltzeichnung auf S. 31 oben. Die beiden NAND-Gatter sind (vergleichbar mit einfachen Transistoren) als INVERTER geschaltet: Liegt zufällig ein *low*-Pegel am Eingang des oberen Inverters, so bekommt sein Ausgang *high*-Pegel (LED X leuchtet). Dieses *high*-Signal liegt am Eingang des unteren Gatters, dessen Ausgang dadurch *low* ist.

Gleichzeitig kann sich über den Widerstand der Kondensator bis zur Spannung des *high*-Pegels aufladen. **Der Kondensator speichert dadurch den Zustand am Ausgang des oberen Inverters.** Beim nächsten Tastendruck gelangt dieses *high*-Signal vom Kondensator an den Eingang des oberen Gatters: Die Schaltung kippt – und mit ihr der Ladezustand des Kondensators. Deshalb führt jedes neue Drücken der Taste zum Kippen des T-Flipflops.

Ergebnis von Versuch 32:

Diesmal kippt die Schaltung nicht beim Wechsel des Eingangssignals vom Spannungswert *low* zum Wert *high,* sondern *die Schaltung kippt, wenn die Spannung am Eingang einen bestimmten **Grenzwert** über- oder unterschreitet.*

Bei ansteigender Spannung beginnt die LED schlagartig zu leuchten bei: U_{ein} = 2,8 V
Bei absinkender Spannung geht die LED ebenso plötzlich wieder aus bei: U_{aus} = 2,4 V
Eine solche Schaltung, die ein analoges Signal in ein digitales umwandelt, nennt der Fachmann einen **Schmitt-Trigger.**

Ergebnis von Versuch 33:

Das englische Wort *trigger* bedeutet Abzug (beim Gewehr) oder Auslöser.
Hier wird das Kippen einer elektronischen Schaltung ausgelöst, wenn die Eingangsspannung einen bestimmten Grenzwert über- oder unterschreitet.

Triggerschaltungen spielen in der Technik nicht nur als *Signalwandler und -auslöser* eine große Rolle. Du weißt vielleicht, daß man schnell sich ändernde Spannungen und Signalverläufe auf dem Bildschirm eines Oszilloskops sichtbar machen kann. Dabei huscht ein Leuchtpunkt von links nach rechts über den Bildschirm. Wann aber beginnt er zu laufen? Auch hier benutzt man zum Auslösen eine Triggerschaltung.

Lösungen V 34, V 35

Ergebnis von Versuch 34:

Mit dem Fotowiderstand wird das ursprünglich analoge Signal (= sich verändernde Helligkeit) zunächst in ein ebenfalls analoges elektrisches Signal (= sich ändernder Innenwiderstand des LDR) umgewandelt. Daraus erzeugt der Schmitt-Trigger anschließend ein digitales elektrisches Signal (= LED am Ausgang leuchtet oder leuchtet nicht).

Ergebnis von Versuch 35:

Die Schaltung heißt **Monoflop**, weil sie nur *einen* stabilen Zustand hat (griechisch *monos* = einzig, allein).

In deiner Schaltung ist der stabile Zustand der, daß die LED leuchtet. Für einen vorübergehenden (unstabilen) Zustand, dessen Zeitdauer sich durch die Größe vom Kondensator *C* und Widerstand *R* beeinflussen läßt, kann die LED verlöschen. Dabei spielt es keine Rolle, ob du den Eingang A nur ganz kurz oder dauerhaft an den Signalpegel *low* legst.

Und so kannst du dir die Funktion der Schaltung erklären: Im stabilen Zustand, wenn die LED am Ausgang des *unteren* Logik-Gatters leuchtet, muß dort eine Spannung mit *high*-Pegel liegen. Über eine Verbindungsleitung gelangt dieses Signal an den Eingang C des oberen NAND-Gatters. Dessen zweiter Eingang A liegt sowieso am *high*-Pegel. Dieses NAND-Gatter erzeugt deshalb an seinem Ausgang ein Signal mit dem Pegel *low*. Der Kondensator *C* müßte in diesem stabilen Zustand also entladen sein. Das kannst du mit einem Voltmeter überprüfen.

Am Eingang D des *unteren* Logik-Gatters liegt somit ein Signal mit dem Spannungspegel *low* an und am Eingang B eines mit dem Pegel *high*. Entsprechend der Wahrheitstabelle für eine NAND-Verknüpfung ergibt das am Ausgang des unteren Gatters den Pegel *high*. Die LED muß also leuchten, was ja auch der Fall ist.

In der folgenden Zeichnung sind die Zustände an den Gatter-Ein- und -Ausgängen mit den Werten 0 und 1 gekennzeichnet.

Überlege nun selbst weiter, wie sich alles ändert, wenn du den Eingang A in den Zustand 0 bringst. Trage die sich neu ergebenden Zustände mit Bleistift in die Zeichnung ein. Du wirst finden, daß eigentlich ein stabiler Zustand entstehen müßte, bei dem die LED *nicht* leuchtet. Tatsächlich aber ist dieser Zustand nur vorübergehend. Warum das so ist, das verrät dir ein Voltmeter, das die Spannung am Widerstand *R* anzeigt.

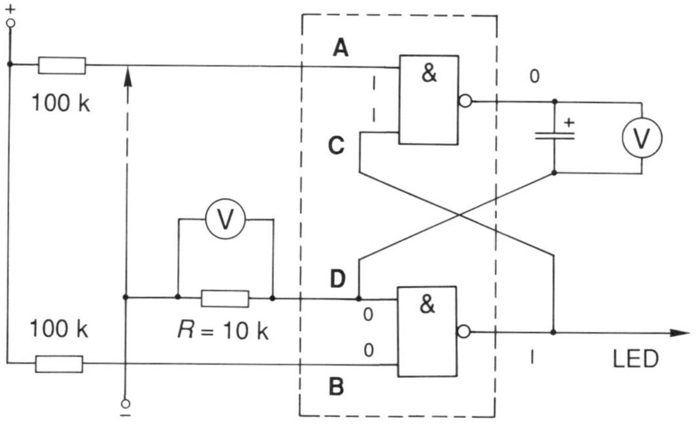

Im stabilen Zustand der Schaltung liegt an diesem Widerstand *R* keine Spannung an (= *low*-Pegel). Auch am Kondensator, der mit dem Widerstand in Reihe liegt, findest du keine Spannung. Wenn die Schaltung jedoch gekippt wird, dann mißt du an dem Widerstand *R* die volle Spannung (= *high*-Pegel).

Sofort beginnt der Kondensator sich aufzuladen (verzögert durch den Widerstand). Dabei kommt es zu einer Spannungsteilung zwischen diesen beiden in Reihe liegenden Bauteilen: **Je höher die Spannung im Kondensator *C* wird, desto geringer wird die Spannung am Widerstand *R*.** Der Spannungspegel am Widerstand liegt jedoch auch direkt am Eingang D des unteren Gatters und beeinflußt das Verhalten des Gatters. Wenn diese immer kleiner werdende Spannung am Widerstand *R* den Grenzwert von 2,5 V (= Hälfte der Versorgungsspannung) unterschreitet, dann ist es vorbei mit dem *high*-Pegel am Eingang D. Ab jetzt herrscht wieder *low*-Pegel. Die Schaltung kippt sofort in ihren monostabilen Zustand zurück.

Wenn du den Wert für den Widerstand *R* groß genug wählst (z. B. 100 kΩ), dann kannst du das alles in Zeitlupe auf dem Meßgerät verfolgen.

Ergebnis von Versuch 36:

Die Multivibrator-Schaltung ist leicht an den *beiden Kondensatoren* zu erkennen. Sie verbinden jeweils den Ausgang der einen Logik-Schaltung mit dem Eingang der anderen. Das war auch bei dem aus zwei einzelnen Transistoren aufgebauten Multivibrator bzw. Blinklicht genauso (siehe Zeichnung unten). Vielleicht hast du schon bemerkt, daß es nur darauf ankommt, den Transistor oder die NAND-Logik als INVERTER zu benutzen. Das Blinklicht von Versuch 36 läßt sich daher nicht nur mit der NAND-Logik im IC 74 HC 00 aufbauen, sondern ebenso mit der NICHT-Logik in dem IC 74 HC 04. Vielleicht hast du Lust, auch das einmal auszuprobieren.

Hier ein wichtiger Hinweis zu allen Oszillator-Schaltungen:

Falls du als Stromquelle ein Netzteil benutzt, dessen Ausgangsspannung nach dem Einschalten erst langsam auf 5 V ansteigt, so kann es passieren, daß die Oszillatoren nicht richtig anschwingen wollen. Dann solltest du die Plusleitung zu der gesamten Schaltung kurz unterbrechen oder einen der Kondensatoren einmal „kurzschließen".

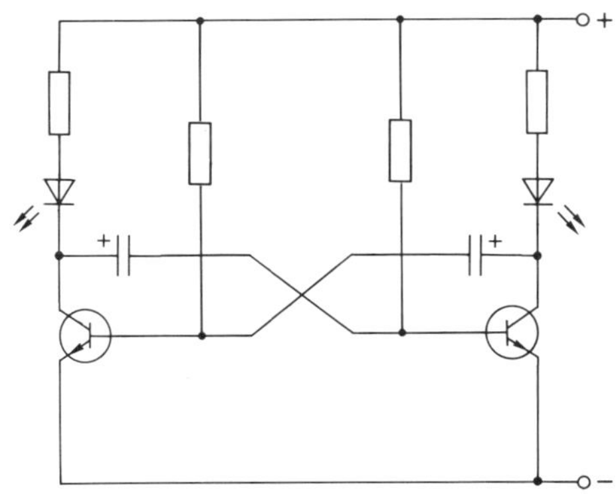

Ergebnis von Versuch 37:

Der Pierce-Oszillator beginnt zu schwingen, wenn der obere Eingang des linken Logik-Gatters (in der Zeichnung auf Seite 34) am Signalpegel *high* liegt. Liegt dort ein *low*-Pegel, so stoppt der Oszillator. Das Umschalten übernimmt in deiner Schaltung die Eingabetaste. Das Blinken der LED erfolgt so schnell, daß es dir kaum möglich sein wird, mitzuzählen. Bei den angegebenen Werten für die Widerstände und den Kondensator blinkt die LED etwa 200mal pro Minute oder 3,3mal pro Sekunde. Die Blinkfrequenz beträgt also 3,3 Hz (sprich: 3,3 Hertz).

Lösung V 38

Ergebnis von Versuch 38:

Anschluß des Telefonhörers:

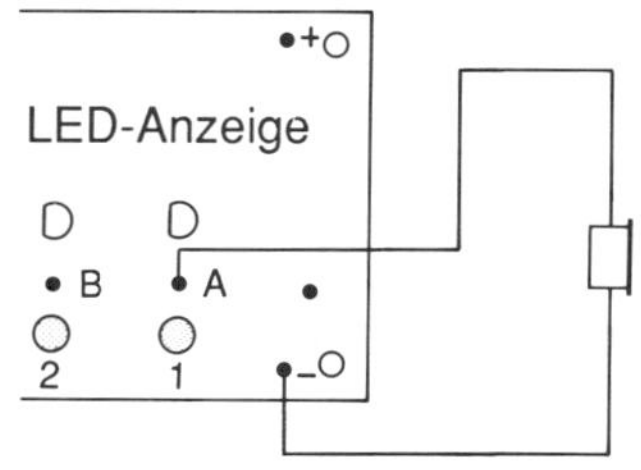

Dieses wirst du bei deinen Experimenten feststellen:

1) Je größer die Kapazität des Kondensators ist, desto langsamer erfolgen die Kippschwingungen; das heißt, desto kleiner ist die Frequenz der Schwingungen.
2) Je kleiner der Wert des Widerstands R_2 ist, desto schneller erfolgen die Kippschwingungen; das heißt, desto größer ist die Frequenz der Schwingungen.

Schwingungen einer Lautsprecher- oder Hörermembran zwischen 20 Hz und 20 000 Hz empfinden unsere Ohren als unterschiedlich tiefe und hohe Töne.

Die Tonhöhe in deiner Schaltung wird bestimmt von der Kapazität des Kondensators C und dem Widerstandswert von R_2. Benutzt du einen Kondensator mit einer Kapazität von 0,1 µF und einen Festwiderstand von 1 kΩ, so entsteht ein Pfeifton mit einer Frequenz von über 3000 Hz. Liegt dazu noch ein Poti mit 50 kΩ in Reihe, so lassen sich tiefere Frequenzen bis herab unter 100 Hz erzeugen.

Die Funktion des akustischen Thermometers ist einfach zu erklären: Je heißer man den NTC-Widerstand macht, desto geringer wird sein elektrischer Widerstand. Das führt in unserer Schaltung zu einem immer höher werdenden Pfeifton. Ob die Tonhöhe jedoch tatsächlich den Grad deiner Verliebtheit anzeigt? Vielleicht hast du ja auch eine Grippe und deshalb Fieber ...

Lösung der Aufgabe aus der Computer-Geschichte:

Beim **Relais mit Selbsthaltung** wird der Spulenstrom über den Taster A (ein EIN-Taster) eingeschaltet. Der Anker des Relais zieht an und schließt dabei einen Kontakt, der parallel zu Taster A liegt. Dadurch bleibt der Spulenstrom auch erhalten, wenn man Taster A wieder losläßt. In der Zeichnung auf Seite 37 wird dieser Zustand 1 durch die leuchtende Lampe verdeutlicht. Taster B ist ein Öffner (AUS-Taster). Betätigt man ihn, so wird der Spulenstrom unterbrochen, der Anker fällt ab, die Lampe verlöscht, und der Zustand 0 tritt wieder ein.

Ergänzungen zu Konrad Zuse:

Konrad Zuse (geboren 1910) studierte in Berlin zunächst Maschinenbau und machte später sein Diplom als Bauingenieur. Bei der Berechnung der Tragfähigkeit von Wänden, Dächern und Brücken ärgerte er sich oftmals über die langweiligen Rechnungen, die sich mit veränderten Zahlen ständig wiederholten: „Es wollte mir nicht in den Kopf, daß lebendige, schöpferische Menschen ihr kostbares Leben mit derart nüchternen Rechnungen verschwenden sollten."

So entstand die Idee eines Rechenautomaten und einer speziellen Programmiersprache, welche die Maschine versteht. Später bei den Henschel-Werken sollte die Maschine die eintönigen Berechnungen von Flügelbomben übernehmen. Außerdem plante Zuse den Einsatz der Maschine zur Kontoführung bei Banken und Sparkassen, zur Steuerung von Werkzeugmaschinen und zur „Mechanisierung eines Warenhausbetriebs".

Geldmangel und Krieg beendeten Zuses Träume. Ab 1949 baute er in einem eigenen kleinen Betrieb bei Bad Hersfeld Computer. 1966 wurde Zuses Firma von Siemens übernommen.

Ergänzungen zur Geschichte der Computer:

Der Computer (lateinisch *computare* = zusammenrechnen) ist die vorerst letzte Erfindung in der langen Geschichte von Maschinen, die dem Menschen beim Rechnen helfen können. Wir wissen, daß bereits die alten Kulturvölker (Ägypter, Babylonier, Inder, Griechen und Römer) Rechenhilfen mit Kugeln oder Stäbchen verwendeten. Noch heute benutzt schätzungsweise jeder dritte Mensch auf unserer Erde solche Rechenbretter. Sie alle gehen zurück auf den **Abakus** der Römer (300 v. Chr.) oder das **Suan-Pan**-Rechenbrett der Chinesen. Es arbeitet bereits im 3. Jahrhundert n. Chr. mit Dezimalzahlen und -stellen. Jede untere der durchbohrten Kugeln entspricht einem Einer, jede obere Kugel einem Fünfer (Bild 1). Diese Zuordnung zeigt deutlich, daß die Idee des Rechenbrettes zurückgeht auf unsere zwei Hände mit jeweils fünf Fingern.

1

Mit einem Abakus oder Suan-Pan kann man sehr leicht addieren und subtrahieren. Etwas schwieriger ist das Multiplizieren und Dividieren. Meister können damit sogar Wurzeln ziehen und fast so schnell rechnen wie du mit deinem Taschenrechner.

Der Theologe und Astronom **Wilhelm Schickard** ließ 1623 in Tübingen zwei zahnradgetriebene Rechenmaschinen für alle 4 Grundrechenarten bauen. Eine wollte er seinem Freund Johannes Kepler schenken. Doch noch vor der Vollendung zerstörte ein Brand die Geräte. Wir kennen jedoch die Zeichnungen von Schickard, und ein moderner Nachbau funktionierte tatsächlich.

Der französische Mathematiker **Blaise Pascal** baute 1642 ebenfalls eine Rechenmaschine aus Zahnrädern, die achtstellige Zahlen addieren und subtrahieren konnte.

1673 stellte der deutsche Gelehrte **Gottfried Wilhelm von Leibniz** seine Rechenmaschine vor (Bild 2). Von Beruf war er Theologe, Rechtsgelehrter, Historiker, Chemiker, Physiker, Mathematiker, Erfinder, Bibliothekar, Diplomat und wissenschaftlicher Berater von Fürsten und Königen ... Nur die Leibniz-Kekse hat er nicht erfunden! Leibniz war ein Universalgenie.
Er beherrschte alle damals bekannten Wissenschaften. Mit 2000 Gelehrten seiner Zeit stand er in Briefkontakt, wovon über 15 000 Briefe erhalten sind.

Für seine Rechenmaschine erfand Leibniz eine spezielle Form von Walzen mit zahnradähnlicher Oberfläche. Die Maschine lief nicht ganz zur Zufriedenheit ihres Erfinders, was mit der Ungenauigkeit der vielen handgefertigten Zahnräder zusammenhing.

1679 entwickelte Leibniz noch ein neues Zahlensystem, das nur aus Nullen und Einsen bestand. 300 Jahre später rechnen alle Computer mit diesem *dualen Zahlensystem*.

2

Lösung V 39

Ergebnis von Versuch 39:

Die LED A zeigt die *Einer* an, die LED B die *Zweier*, die LED C die *Vierer* und die LED D die *Achter.*

Alles sind Potenzen der Zahl 2:

LED A ≙ *Einer* =	1 =	2^0,
LED B ≙ *Zweier* =	2 =	2^1,
LED C ≙ *Vierer* =	4 =	2^2,
LED D ≙ *Achter* =	8 =	2^3.

Hättest du eine Anzeige mit noch mehr Stellen, ginge es so weiter:

LED E ≙ *Sechzehner* =	16 =	2^4,
LED F ≙ *Zweiunddreißiger* =	32 =	2^5,
LED G ≙ *Vierundsechziger* =	64 =	2^6,
LED H ≙ *Hundertachtundzwanziger* =	128 =	2^7.

Und so leuchten die LEDs auf der 4fachen Anzeige, wenn du mit der prellfreien Taste in den Zähler die Taktimpulse eingibst:

Zahl (dezimal)	Anzeige am Ausgang (dual)			
	D	**C**	**B**	**A**
0	0	0	0	0
1	0	0	0	I
2	0	0	I	0
3	0	0	I	I
4	0	I	0	0
5	0	I	0	I
6	0	I	I	0
7	0	I	I	I
8	I	0	0	0
9	I	0	0	I
10	I	0	I	0
11	I	0	I	I
12	I	I	0	0
13	I	I	0	I
14	I	I	I	0
15	I	I	I	I

Das duale Zahlensystem wurde von **G. W. von Leibniz** 1679 erfunden. Leibniz behauptete schon damals, daß man diese Zahlen schneller addieren könne, als daß man sie hinschreibt. Das wirst du bei späteren Versuchen in diesem Heft übrigens selbst feststellen können. Und Leibniz zeigte auch, wie sich mit ihnen blitzschnell multiplizieren läßt.

Lösungen der Umrechnungen:

Dualzahl: a) 1101 b) 10110 c) 011110 d) 110011 e) 1010101

Dezimalzahl: 13 22 30 51 85

Und nun auch umgekehrt:
Dezimalzahl: a) 25 b) 37 c) 55 d) 78 e) 100

Dualzahl: 11001 100101 110111 1001110 1100100

Daß ein Computer sich leicht verrechnen könnte, wenn er nicht mit dualen, sondern (wie wir Menschen) mit dezimalen Zahlen arbeitete, das soll dir folgende Überlegung zeigen. Deine ICs benötigen, wie du ja schon weißt, eine Versorgungsspannung von 5 V. Bekommt der Zählereingang eine Spannung von genau 0 V, dann verarbeitet er dies als *low*, was dem Wert *Null* entspricht. Genau 5 V verarbeitet er als *high*, was dem Wert *Eins* entspricht. Nun macht es dem Zähler-IC aber nichts aus, wenn diese Spannungswerte nicht so genau stimmen.

Statt 0 V dürfen es auch 0,7 V oder 1 V sein. Immer versteht der Zähler das als *low* ≙ 0. Und statt 5 V dürfen es auch 4 V oder 4,5 V sein. Der Zähler versteht das alles als *high* ≙ 1. Steigt die Spannung des Eingangssignals langsam von 0 V auf 5 V an, so kippt das Signal etwa bei der Hälfte (= 2,5 V) der Gesamtspannung von *low* auf *high*. Das dual zählende IC ist dadurch in bezug auf die angelegten Eingangsspannungen ziemlich fehlersicher.

Nun wollen wir uns mal in Gedanken ein dezimal arbeitendes IC vorstellen, das ebenfalls als Höchstspannung 5 V hat. Innerhalb der Spanne zwischen 0 V und 5 V müßten alle Ziffern von 0 bis 9 einen analogen Spannungswert zugeordnet bekommen. Das könnte z. B. so funktionieren: Spannungen zwischen 0 V und 0,4 V bedeuten die Ziffer 0, Spannungen zwischen 0,5 V und 0,9 V bedeuten die Ziffer 1, Spannungen zwischen 1,0 V und 1,4 V gleich Ziffer 3, zwischen 1,5 V und 1,9 V gleich Ziffer 4 usw.

Du weißt sicherlich, daß die Signale in einem Computer zwischen ICs zum Speichern und solchen zum Verarbeiten ständig hin- und hergeschickt werden. Dabei sind verschieden lange Leitungen zu durchlaufen. Leitungen bedeuten jedoch immer einen elektrischen Widerstand, und an dem fallen bekanntlich Spannungen ab und gehen dadurch dem Signal „verloren“. Die engen Spannungsgrenzen für die einzelnen Ziffern wären schnell unterschritten, und der Computer hätte aufgrund der etwas kleineren Spannung eine falsche Ziffer „verstanden“. Damit müßte er sich ja zwangsläufig verrechnen! Das Dezimalsystem wäre für den Computer zum Rechnen also nicht fehlersicher, – und manche Menschen sollen damit ja auch ihre Probleme haben ...

Ergebnis von Versuch 40:

Das englische Wort *clear* bedeutet säubern, freimachen; *reset* bedeutet zurücksetzen.

Über Anschluß 14 kann der Zähler jederzeit auf Null zurückgesetzt werden.

Der Reset erfolgt im Versuch meist sofort, wenn die Verbindungsleitung von Beinchen 14 zum Minuspol gelöst wird. Liegt Bein 14 dauerhaft am Pluspol, so bleibt der Zähler immer auf Null, auch wenn an seinem Eingang noch weitere Taktsignale ankommen.

Lösungen V 41 bis V 43

Ergebnis von Versuch 41:

Die Anschlüse 4 und 5 sind die beiden möglichen Eingänge für die zu zählenden Taktsignale. Liegen die Eingangssignale an Bein 5, so zählt das IC *vorwärts*, liegen die Eingangssignale an Bein 4, so zählt das IC *rückwärts*.

Der jeweils andere Eingang muß mit dem Pluspol verbunden sein (und somit ein Signal mit *high*-Pegel führen).

Im Englischen heißt Beinchen 5: *count up clock input* (Takteingang zum Aufwärtszählen). Beinchen 4 heißt entsprechend: *count down clock input* (... zum Abwärtszählen).

Ergebnis von Versuch 42:

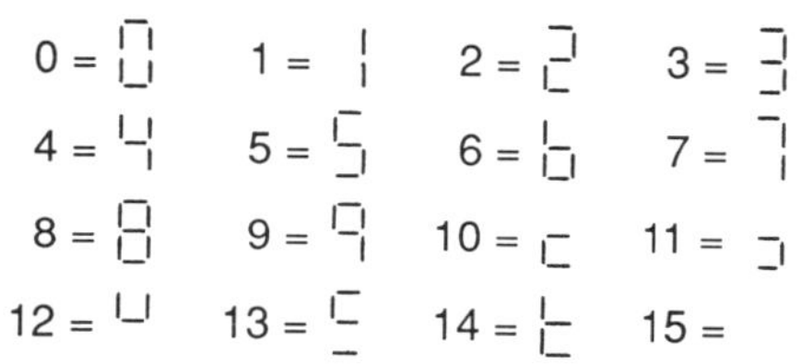

Die hier jeweils dunkel eingezeichneten Segmente leuchten bei der Anzeige der Zahlen.

Ergebnis von Versuch 43:

Der Zähler springt immer dann eine Ziffer weiter, wenn der Spannungspegel an seinem Eingang von *low* auf *high* wechselt.

Wenn man die Leitung zum Zählereingang lose in der Luft hängen läßt, sich ihr mit der Hand nähert oder sie mit dem Finger berührt, so beginnt der Zähler plötzlich weiterzuspringen.

Der Grund ist folgender: ICs der Baureihe 74 HC xx benötigen an ihren Eingängen als *high*-Signal eine Spannung, die höher ist als die halbe Versorgungsspannung. Beträgt die 5 V, so wird jede Spannung von knapp über 2,5 V als *high*-Signal gewertet. Solche und noch viel höhere Spannungswerte sind jedoch oftmals schon in der Luft vorhanden (durch sogenannte Reibungselektrizität), erst recht aber auf deinem Körper, wenn du über Kunststoff- oder Teppichboden gegangen bist.

Das kannst du sofort in einem **Zusatzversuch** überprüfen:
Laß das Anschlußkabel zum Zählereingang lose auf dem Tisch liegen.
Nähere deine Hand dem Kabel nur so weit, daß der Zähler noch nicht ständig weiterspringt.
Reibe jetzt mit der Schuhsohle über den Fußboden ...

Ergebnis von Versuch 44:

Ein prellendes Eingangssignal springt nicht exakt von 0 V (= *low*) auf 5 V (= *high*), sondern seine Spannung schwankt danach noch ganz kurze Zeit um diesen 5-V-Wert herum: Sie über- und unterschreitet ihn. Und wenn bei dem Schwanken der Grenzwert von 2,5 V unterschritten wird, verarbeitet der Zähler das als neues *low*-Signal. Der nächste Spannungsausschlag nach oben wird deshalb als zweites, neues Signal mit *high*-Pegel gezählt.

Wie stark dein UM-Taster prellt, hängt unter anderem davon ab, wie lange sich der Anschlußkontakt innen während des Umschaltens in der Luft befindet (vergleiche Versuch 43). Das Prellen kannst du evtl. verstärken, wenn du den Taster ganz langsam drückst. Ein weiterer Grund für das Prellen liegt darin, daß die metallenen Kontaktflächen im Taster als kleiner Kondensator wirken können. Und schließlich können die Kontakte nach dem Öffnen oder Schließen auch noch mechanisch prellen, also richtig nachfedern. Obwohl man den Taster also nur einmal betätigt, bekommt der Zählereingang mehrere, zufällige Impulse. Und weil dein Zähler-IC äußerst schnell reagieren kann, verarbeitet es die auch alle.

Das IC 74 HC 193 kann pro Sekunde 45 Millionen einzelne Impulse unterscheiden und zählen! Der Fachmann kennzeichnet diese Leistung so: Die maximale Taktfrequenz für den Zählereingang beträgt bei diesem Zähler 45 MHz (sprich 45 Megahertz). Deshalb müssen die Zählimpulse unbedingt entprellt sein.

Ein *prellfreies Signal* läßt sich z. B. durch eine Flipflop-Schaltung erreichen, die du ja schon kennst. Dabei springt die Signalspannung exakt nur ein einziges Mal von *low* auf *high* oder von *high* auf *low*.

Ergebnis von Versuch 45:

Der Zähler springt sofort auf Null zurück, wenn er die Dualzahl I 0 0 0 erreicht. Das entspricht der Dezimalzahl 8. Diese 8 löst den RESET aus.

Der Zähler zählt also dezimal nur von 0 bis 7.

Ergebnis von Versuch 46:

RESET an:	*Rücksprung durch Ziffer:*	*Zähler zählt von Null bis:*
C	4	3
B	2	1
A	1	0

Ergebnis von Versuch 47:

Der Zähler soll nur bis zur Dezimalzahl 5 zählen. Der Reset müßte also von der dezimalen Zahl 6 ausgelöst werden.

Diese Zahl sieht in der dualen Schreibweise so aus: 0 I I 0.

Die Zählerausgänge B und C müssen gemeinsam ein Signal mit *high*-Pegel führen, damit der richtige Reset-Befehl ausgeführt wird. Dieses Verknüpfen übernimmt eine Schaltung mit UND-Logik, also ein IC 74 HC 08. Das Ausgangssignal der UND-Verknüpfung wird nur dann *high*, wenn beide Eingänge gleichzeitig *high*-Signale führen. Dieses Ausgangssignal wird an Beinchen 14 des Zähler-ICs gelegt. Danach kann der Zähler nur noch von 0 bis 5 zählen.

Lösungen V 48 bis V 51

Ergebnis von Versuch 48:

Wenn du einen Dezimalzähler erhalten möchtest, der von null bis neun zählen kann, so muß der Reset von der Dezimalzahl 10 ausgelöst werden. Das entspricht der Dualzahl I 0 I 0.
Der Reset muß daher gleichzeitig über die Ausgänge B und D gesteuert werden.

Ergebnis von Versuch 49:

Wenn der Zähler nur von null bis sechs zählen soll, dann muß der Rücksprung durch die Dezimalzahl 7 ausgelöst werden, was der Dualzahl 0 I I I entspricht. Die Ausgänge A und B und C müssen deshalb durch zwei UND-Gatter verknüpft werden.

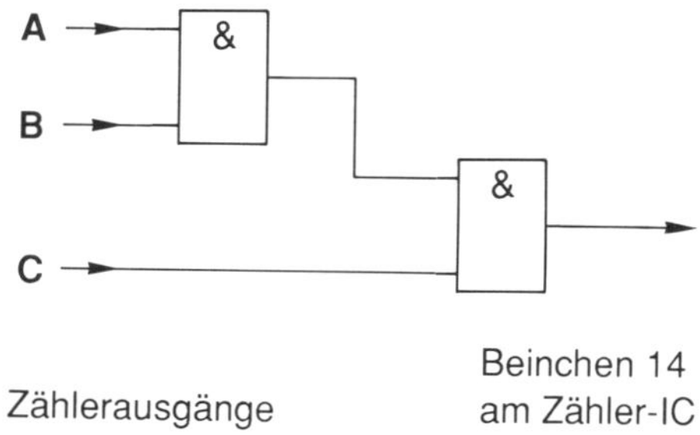

Ergebnis von Versuch 50:

Die LED A ist jeweils etwa gleichlange Zeiten hell und dunkel. Das gilt auch für die anderen LEDs, aber die Hell- und Dunkelzeiten sind bei jeder weiteren LED genau doppelt so lang wie bei der vorhergehenden. Das zeigen auch die Signalkurven auf dem Oszilloskop:

Ergebnis von Versuch 51:

Am Ausgang A wechselt der Spannungswert bei jedem Takt, am Ausgang B bei jedem zweiten, an C bei jedem vierten und an D bei jedem achten Takt. Bei jedem Wechsel bewegt sich die Membran des Hörers: Bei 1 springt sie vor, bei 0 geht sie in die Ruhelage zurück. Die Membran erzeugt bei A schnelle Knackgeräusche oder anders gesagt: eine Schwingung mit großer Frequenz. Bei jedem weiteren Ausgang ist die Frequenz der Schwingung genau halb so groß wie beim vorhergehenden. Entsprechend dem Bild auf dem Oszilloskop nennt man dies eine Rechteck-Schwingung.

Ergebnis von Versuch 52:

Flackert eine LED mehr als 20mal pro Sekunde, dann kann unser Auge das nicht mehr getrennt wahrnehmen. Das Flackern verwischt zu einem scheinbar dauernden Leuchten. Ähnliches macht man sich beim Film (24 Bilder pro Sekunde) und Fernsehen zunutze. Unser Auge meldet dem Gehirn sich bewegende Bilder, obwohl es sich tatsächlich um lauter einzelne Bilder mit kleinen Pausen dazwischen handelt.

Unser Ohr kann je nach Alter des Menschen pro Sekunde bis zu 20 000 einzelne Bewegungen einer Membran unterscheiden. Der Fachmann sagt dazu: Unser Hörbereich geht bis zu 20 kHz. Die Membran bei deinen Versuchen springt wegen der rechteckigen Form der Spannungssignale stets ruckartig vor und zurück. Wir hören einen „harten" Ton, der deutlich anders klingt als etwa der gleichhohe Ton einer Blockflöte. Der Ton einer Flöte klingt „weicher", das Bild auf dem Oszilloskop sähe wellenförmig aus (= Sinuswellen).

Erzeugt der Taktgeber am Zählereingang z. B. eine Schwingung mit der Frequenz 2000 Hz, so schwingt der Ausgang A des Zählers mit einer Frequenz von 1000 Hz. Diese Halbierung beruht darauf, daß der Zähler nur dann weiterspringt, wenn die Spannung am Eingang vom Pegel *low* auf *high* ansteigt. Fällt sie hingegen vom Pegel *high* auf *low* ab, so bleibt der alte Zustand am Ausgang A erhalten. Um am Ausgang A die nächste Ziffer zu bekommen, muß der Takteingang also noch eimal von *low* auf *high* springen. Daher kommt es zur Halbierung der Taktfrequenz am Ausgang A.

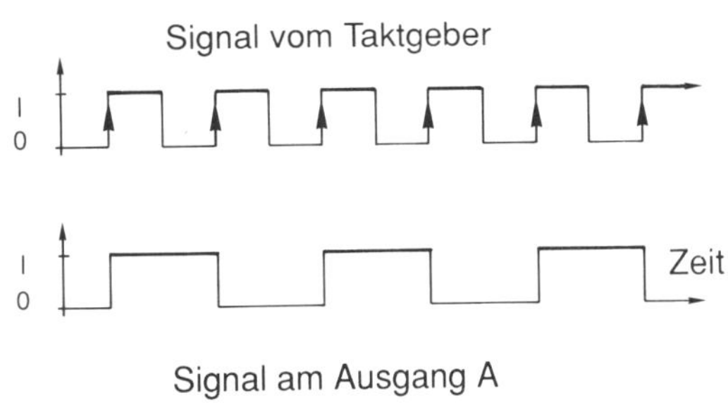

Diese Frequenz von 1 kHz (=1000 Hz ≙ Testton im Fernseher) am Ausgang A wird nun durch den Zähler am Ausgang B halbiert (500 Hz). Bei C beträgt die Frequenz nur noch ein Viertel (250 Hz) und bei D noch ein Achtel (125 Hz). Deshalb bezeichnet man den Zähler 74 HC 193 auch als einen **Frequenzteiler**, an dessen vier Ausgängen Frequenzen im Verhältnis 1 : 2 : 4 : 8 zur Verfügung stehen.

Ergebnis von Versuch 53:

Ob die erzeugten Zahlen wohl echte Zufallszahlen sind? Das Stoppen des schnellen Zählers hängt von dem Zeitpunkt ab, an dem du den Finger von der Taste des Taktgebers nimmst. Diesen Zeitpunkt bestimmst du rein zufällig.

Ganz anders sieht das aus, wenn ein Computer über den RND-Befehl eine Zufallszahl finden soll. In seinem Programm muß dazu eine exakt *logische Anweisung* vorhanden sein, nach welcher der Computer die Zahlen erzeugt; einfach ausgedrückt, wie lange sein Taktgeber zählen soll. Es geht natürlich auch viel komplizierter: Die Anweisung sagt ihm z. B., aus welchen Zahlen er die Wurzeln ziehen und deren Ziffern ab der 3. Stelle hinter dem Komma als Zufallszahl ausgeben soll. Eine solche *logische Rechenanweisung* erzeugt keinen ganz echten Zufall, der ja gerade nicht vorausberechenbar ist. Der Fachmann spricht daher von **Pseudo-Zufallszahlen** (griechisch *pseudein* = täuschen, belügen).

Feldeffekt-Transistor

Zusatzversuch, falls du einen Computer besitzt und etwas programmieren kannst:
Lasse den Computer nach dem Einschalten 10 vierstellige Zufallszahlen suchen.
In der Computersprache BASIC könnte das z. B. so oder ähnlich aussehen:

```
1    FOR A = 1 TO 10
2    N = RND (9999)
3    PRINT N
4    NEXT A
```

Schreibe dir die Zufallszahlen auf, oder lasse sie ausdrucken. Schalte den Computer für eine Minute aus. Wiederhole nun das Ganze, und gib dabei exakt die gleichen Befehle ein.

Falls dein Computer nun wieder die gleichen Zahlen erzeugt, dann hast du den Beweis, daß er diese nach einer (immer gleichen) Formel errechnet. Falls er aber doch andere zufällige Zahlen ausgibt? Vielleicht hat dein Computer eine eingebaute Uhr, womöglich sogar mit Datum. Dann wäre es doch denkbar, daß er in seiner logischen Formel, nach der er den Zufall *berechnet*, die jeweilige Uhrzeit mit berücksichtigt. Er hätte dir den Zufall also wieder nur vorgetäuscht. Eine echte Zufallszahl läßt sich eben nicht so einfach berechnen!

Lösung der Aufgaben zum Feldeffekt-Transistor:

1) Die englischen Begriffe für die drei Anschlüsse eines Feldeffekt-Transistors bedeuten:
source = Quelle, Ursprung; *drain* = Abfluß; *gate* = Tor.

Die Begriffe verraten die Strömungsrichtung der Elektronen ebenso wie bei normalen Transistoren die lateinischen Bezeichnungen *Emitter* = Aussender und *Kollektor* = Einsammler.

2) Berührt man den Gate-Anschluß mit einem Finger, so hängt es von der elektrischen Aufladung des eigenen Körpers ab, ob der FET bereits durchsteuert. Bei deinem IC-Versuch Nr. 43 hast du etwas Ähnliches beobachten können. Berührt man zusätzlich den Pluspol, dann steuert der FET durch. Verbindet man mit den Fingern das Gate mit dem Minuspol, dann sperrt der FET, weil ihm die Schwellenspannung zwischen Gate und Source fehlt.

3) Die Schwellenspannung U_{GS}, bei welcher ein FET durchsteuert, liegt höher als 2 V und unterscheidet sich damit deutlich vom Verhalten normaler Silicium-npn-Transistoren, deren Schwellenspannung U_{BE} etwa 0,7 V beträgt. Der stromsparende Vorteil des FETs wird deutlich, wenn man den Strom zum Gate (≙ Steuerstrom) messen möchte. Das Amperemeter zeigt $I_G = 0{,}00$ mA an. Das bedeutet: Es fließt überhaupt kein Steuerstrom I_G zum FET. Allein die Steuerspannung von ca. 2 V zwischen Gate und Source reicht zum Durchsteuern dieses Transistortyps aus. Um durchzusteuern, entnimmt er der Stromversorgung keine Leistung P ($P = U \cdot I$; also $P = 2\text{ V} \cdot 0{,}0\text{ A} = 0{,}0\text{ W}$). Der FET funktioniert fast leistungslos.

Warum nur „fast" ohne Leistung? Genaugenommen muß ein winzig kleiner Strom zum Gate hinfließen, um das *elektrische Feld* dort erst einmal aufzubauen. Dieser Ladestrom ist aber mit deinem Meßgerät nicht nachweisbar.

In diesen Schritten wird ein FET hergestellt (hier stark vereinfacht für einen n-Kanal-Typ):

1) Silicium wird positiv (p) dotiert

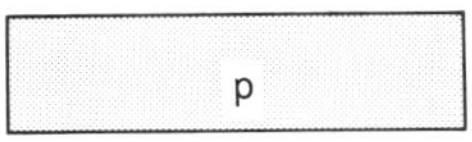

2) Zwei kleine Bereiche darin werden negativ (n) dotiert

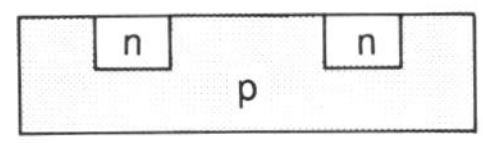

3) Kontakte führen zu den drei Zonen

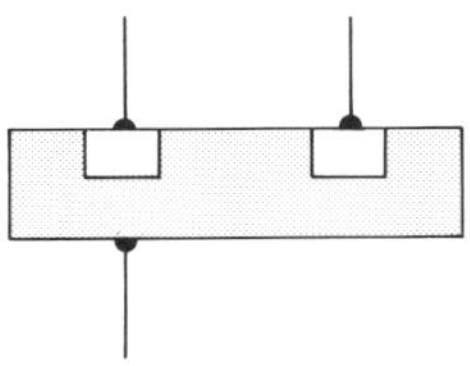

4) Die Oberfläche zwischen Drain und Source wird mit nichtleitendem Siliciumdioxid belegt

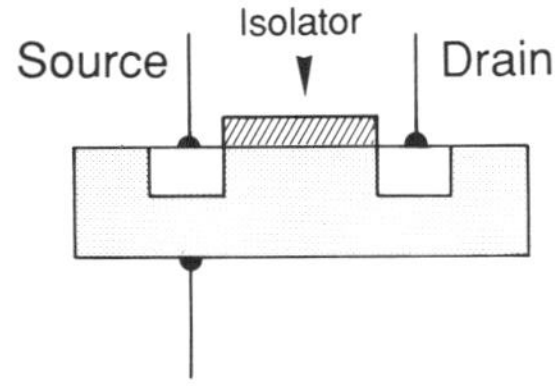

5) Auf diese Isolierung kommt eine dünne Schicht aus Aluminum (vergleichbar einer Kondensatorplatte) mit eigenem Anschlußkontakt

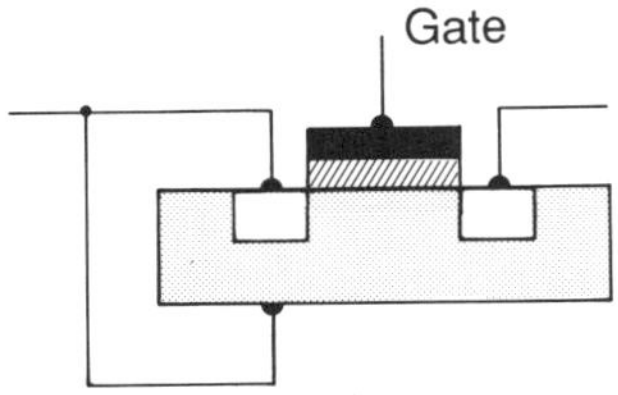

6) Liegt am Gate eine positive Spannung, so bildet sich unter ihm durch „herangesaugte" freie Elektronen im Silicium ein n-leitender Kanal

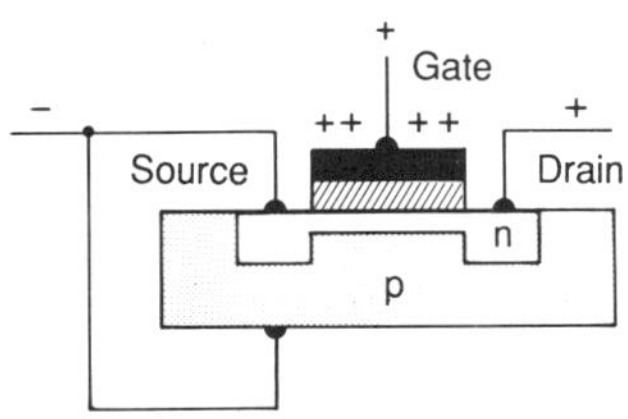

Ergänzung zu CMOS-ICs:

Im Bild rechts ist dargestellt, wie sich aus komplementären FETs eine NAND-Verknüpfung bauen läßt. Vier solche Schaltungen stecken in dem **IC 74 HC 00**, zusätzlich noch weitere Bauteile zum Schutz der Eingänge gegen ungewollte statische Aufladungen.

Alle ICs der Familie 74 HC xx laufen mit Versorgungsspannungen zwischen 2 V und 6 V. Daneben gibt es übrigens noch die Familie 74 **HCT** xx, die mit möglichst genau 5 V betrieben werden muß.

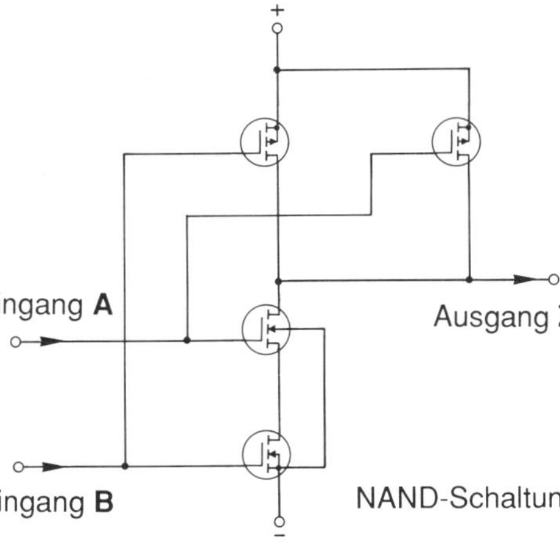

NAND-Schaltung

Lösungen V 54 bis V 56

Ergebnis von Versuch 54:

Verbindet man IC-Beinchen 4 mit dem Pluspol und Bein 5 mit dem Taktgeber, so zählt der Zähler 74 HC 192 *vorwärts von 0 bis 9 (= count up).*
Vertauscht man die Anschlüsse 4 und 5, so zählt der Zähler *rückwärts (= count down).*

Am Beinchen 13 läßt sich beim Abwärtszählen das Signal für einen „Übertrag" abholen, wenn der Zähler von 0 auf 9 zurückspringt. Die Engländer nennen den Anschluß 13 deshalb den *count down borrow output* (englisch *borrow* = sich borgen).

Ergebnis von Versuch 55:

Nach der Voreinstellung über die Tasten A und B (≙ 0 0 I I ≙ 3) springt der Zähler von der vorher angezeigten Ziffer 9 auf die Ziffer 3 zurück.
Gibt man nun weitere Taktimpulse ein, so zählt er anschließend so weiter:

3, 4, 5, 6, 7, 8, 9, 0, 1, 2, 3, 4...

Der Druck auf den UM-Taster legt ein Signal mit *low*-Pegel an Beinchen 11. Das bewirkt in jedem Fall einen Sprung (egal ob vor- oder rückwärts) auf die voreingestellte Ziffer. Falls auf der 4fachen Eingabe jedoch gar keine Tasten gedrückt sind, entspricht deren Voreinstellung der Dualzahl 0 0 0 0. Mit der UM-Taste wird der Zähler dann immer auf 0 gestellt.

Zusatzversuch:
Die 4fache Eingabe-Tastatur ist nicht nötig, wenn man den Zähler immer auf die gleiche Ziffer (z. B. die 2) zurücksetzen möchte: 2 ≙ dual 0 0 I 0. Man verbindet dazu die Anschlüsse A, C und D der Voreinstellung mit dem Minuspol (≙ 0) und Anschluß B mit dem Pluspol (≙ I).
Auslöser für den Sprung auf die voreingestellte Zahl ist jedoch auch diesmal der UM-Taster. Solange nämlich am IC-Bein 11 eine Spannung mit *high*-Pegel liegt, findet *kein* Sprung auf die voreingestellte Zahl statt.

Ergebnis von Versuch 56:

Beim elektronischen Würfel muß der Rücksprung ausgelöst werden nach der 6, also durch die Dezimalzahl 7, was der Dualzahl 0 I I I entspricht. Deshalb müssen die Ausgänge A, B, C des Dezimalzählers durch zwei UND-Gatter verknüpft werden. Wenn alle 3 Eingänge (A, B, C) *high* sind, geht auch der Ausgang dieser UND-Schaltung auf *high.*

Die Voreinstellung für den Rücksprung auf die Dezimalzahl 1 muß über das Beinchen 11 gesteuert werden, und zwar muß dazu für kurze Zeit der Spannungswert *low* an dieses Beinchen 11 gelegt werden. Du merkst, daß dies genau das Gegenteil der eben entworfenen UND-Schaltung ist. Deshalb wird bei der Schaltung auf Seite 51 auch keine UND-Verknüpfung benutzt, sondern ein NICHT-UND = **NAND**. Der Ausgang 3 des ICs 74 HC 00 ist immer *high*, außer wenn A, B und C alle gleichzeitig *high* sind. Dann wird sein Ausgang 3 *low* und bewirkt somit einen Rücksprung (über Bein 11 des Zähler-ICs) auf die voreingestellte Zahl. Beachte: Wegen der Laufzeit der Signale durch das NAND-Gatter solltest du A, B, C nicht vertauschen.
Weil der Rücksprung immer auf 1 (≙ dual 0 0 0 I) erfolgen soll, muß Eingang A der Voreinstellung (= Bein 15 des Zählers) mit dem Pluspol (≙ I) verbunden sein. Die drei anderen Eingänge der Voreinstellung (B, C, D) sind mit dem Minuspol (≙ 0) verbunden.

Ergebnis von Versuch 57:

Das englische Wort *carry* bedeutet: tragen, bringen, übertragen.
Bei elektronischen Dezimalzählern bedeutet der *carry*-Anschluß: Wenn der Zähler nach der 9 wieder auf 0 zurückspringt, dann wird über diesen Anschluß ein Signal herausgegeben, mit dem sich die nächste Stelle eines mehrstelligen Zählers ansteuern läßt.
Der *carry*-Anschluß ist bei deinen Zählern das IC-Bein 12.

Zusatzversuch:
Schließe zwischen das Beinchen 12 des Zählers 74 HC 192 und den Minuspol ein Voltmeter. Es zeigt dir den Signalpegel am *carry*-Anschluß. Du wirst beim Eingeben von Taktimpulsen folgendes finden: Am Beinchen 12 liegt fast immer ein *high*-Pegel.

Verfolge nun ganz genau, wann dort der *low*-Pegel erscheint. Ergebnis: Am Pin 12 liegt nur dann ein *low*-Pegel, wenn man bei Eingabe des Taktes, der die Ziffer 9 bewirkt, die prellfreie Eingabetaste gerade losläßt (die 9 bleibt in der Anzeige). Beim nächsten Tastendruck springt die Anzeige auf 0 zurück, und an Pin 12 liegt jetzt wieder ein *high*-Pegel. Mit anderen Worten: Während der Zähler auf 0 zurückgeht, springt die Spannung an Pin 12 von *low* auf *high*.

Mit einem Signal, das von *low* auf *high* springt, werden bekanntlich deine Zähler-ICs angesteuert. Deshalb eignet sich das Signal an Pin 12 ja auch, den Übertrag beim Zählen an die nächste Stelle weiterzugeben. Denn erst, wenn weitere neun Takte eingegeben wurden, wird sich dieser Signalwechsel beim zehnten Tastendruck wiederholen. Der Übertrag wird jeweils an den Takteingang (= Pin 5) des neuen Zählers für die nächste Stelle weitergereicht.

Ergebnis von Versuch 58:

Das Prinzip, mit dem Übertrag eines Zählers einen Taktimpuls an den Eingang eines neuen Zählers weiterzugeben, läßt sich beliebig oft wiederholen. So kann man Zähler mit vielen Stellen aufbauen. Jeder einzelne gibt seinen Übertrag erst dann weiter, wenn er selbst nach der 9 auf 0 zurückspringt.

Ergebnis von Versuch 59:

Ich will dir die Freude und Hoffnung beim Lottospielen wirklich nicht verderben, aber *mit Sicherheit gewinnen*, das tut bei jedem Spiel nur der Staat durch die Lotteriesteuer.

Ich gratuliere dir hiermit nicht zum Lottogewinn, sondern zu deinem technischen Geschick, falls du den Schaltungsaufbau von Seite 55 fehlerfrei hingekriegt hast!

Lösung der Zusatzaufgaben zur Lotto-Schaltung **6 aus 49**:

Für die Zahlenfolge von 1 bis 49 muß der Reset durch die Dezimalzahl 50 erfolgen.
Das entspricht der zweistelligen BCD-Zahl 0 **1** 0 **1** 0 0 0 0. Nur die zwei hier fett gedruckten Bits müssen für den Reset abgefragt werden. Diese beiden *high*-Signale (A und C) der dezimalen **Zehnerstelle** werden dazu über ein UND-Gatter verknüpft (≙ IC 74 HC 08).
Das gemeinsame *high*-Ausgangssignal kann bei dem IC für die Zehnerstelle den Reset direkt auslösen. Der Reset erfolgt bekanntlich, wenn der IC-Anschluß 14 das Signal *high* bekommt.

Lotto: 6 aus 45

Kniffliger wird es bei der **Einerstelle**, denn die soll ja nicht den normalen Reset auf Null machen, sondern einen Rücksprung auf die im voraus eingestellte Zahl 1. Im Versuch 55 hast du gesehen, daß man die Voreinstellung über IC-Anschluß 11 auslöst. Dort muß allerdings ein *low*-Signal ankommen. Deshalb liegt zwischen dem UND-Gatter, das den Reset der Zehnerstelle mit einem *high*-Signal auslöst, und dem Beinchen 11 des ICs für die Einerstelle ein INVERTER.

Bei der Auswahl-Wette **6 aus 45** muß der Reset durch die Dezimalzahl 46 erfolgen. Das entspricht der Dualzahl 0 **I** 0 0 0 **I** **I** 0. Hier ist das Schaltbild dazu:

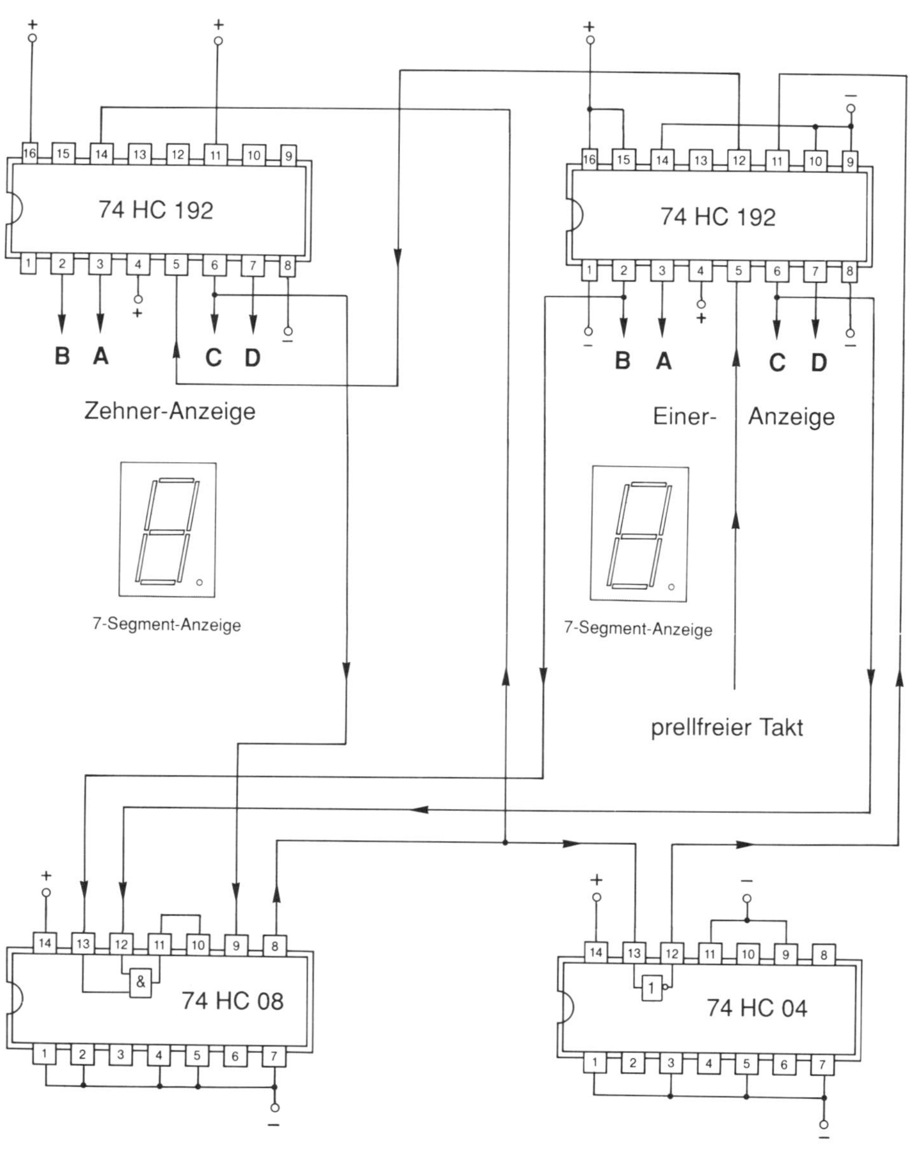

Ergebnis von Versuch 60:

Für die elektronische Uhr soll der Rücksprung bei den Sekunden und Minuten nach der 59 erfolgen. Die zweistellige Dezimalzahl 60 muß also den Reset auslösen. Das entspricht im zweistelligen BCD-Code der Dualzahl 0 **I** **I** 0 0 0 0 0.
Du mußt also die Ausgänge B und C des für die Zehnerstelle benutzten ICs über eine UND-Logik (≙ IC 74 HC 08) miteinander verknüpfen. Das *high*-Signal dieser Verknüpfung steuert über Anschluß 14 bei beiden Zähler-ICs den gleichzeitigen Gesamt-Reset auf Null. So einfach ist das...

Vergiß allerdings nicht, bei beiden Zähler-ICs die Voreinstellung auszuschalten, indem du jeweils den Anschluß 11 mit dem Pluspol verbindest. Die Beinchen 1, 9, 10, 15 dürfen frei bleiben, weil du die Voreinstellung ja diesmal nicht benutzt.

Ergebnis von Versuch 61:

Die zweistellige Dezimalzahl 24 muß den Gesamt-Reset auslösen. Das entspricht der Dualzahl: 0 0 **I** 0 0 **I** 0 0. Hier sind also zwei Signale mit einer UND-Logik (≙ IC 74 HC 08) zu verknüpfen.

Das gemeinsame *high*-Signal dieser Verknüpfung löst bei beiden Zählern über die Anschlüsse 14 den Gesamt-Reset aus.

Ergebnis von Versuch 62:

Ausgang	Wert	Dezimalzahl			
A	2^0	1	G	2^6	64
B	2^1	2	H	2^7	128
C	2^2	4	I	2^8	256
D	2^3	8	J	2^9	512
E	2^4	16	K	2^{10}	1024
F	2^5	32	L	2^{11}	2048

Falls alle 12 Ausgänge *high*-Signale führen, dann zeigt der Zähler die größte Zahl an: **4095**. Wenn du nur 10 LEDs als Anzeige zur Verfügung hast, dann ist die größte Zahl: **1023**.

Der Reset dieses Zähler-ICs wird durch ein *high*-Signal an Beinchen 11 ausgelöst. Beobachte einmal genau, *wann* dieser Zähler eigentlich weiterspringt: Wenn du die Eingabetaste drückst oder losläßt?

Du wirst finden, daß dieser Zähler (im Gegensatz zu den bisher benutzten Typen) immer dann weiterspringt, wenn die Signalspannung von *high* auf *low* abfällt.

Zusatzaufgabe:
Gib die Takte für den Zähler nicht einzeln mit der prellfreien Taste ein, sondern über den automatischen Taktgeber. Setze auf dessen Bauplatte einen zusätzlichen Kondensator mit der Kapazität $C = 0{,}47\ \mu F$. Die ersten LEDs blinken jetzt so schnell, daß unser Auge das nicht unterscheiden kann. Erst die 7. oder 8. LED blinkt deutlich.

Schließe wie im Versuch 51 einen Telefonhörer zwischen die ersten Ausgänge und den Minuspol. Diesmal kannst du mehr als nur vier verschiedene Oktaven hören.

Lösungen V 63, V 64

Ergebnis von Versuch 63:

Für den Versuch mit dem Johnson-Zähler benötigst du die 6fache Ausgabe und die 4fache LED-Anzeige. Über das IC-Beinchen 14 (CLOCK) werden die Taktsignale mit der prellfreien Taste eingegeben.

Über Beinchen 15 des ICs wird der Reset des Zählers gesteuert. Liegt an diesem Bein ein *low*-Pegel, so springt der Zähler bei jedem Takten um eine Stelle weiter. Durch einen *high*-Pegel erfolgt ein Reset auf Null: In diesem Fall bedeutet das einen Rücksprung auf die erste LED, die am Beinchen 3angeschlossen ist. Diese erste LED wird nach dem Reset leuchten, denn sie gehört zur Ziffer Null. Die LEDs 1 bis 10 stehen ja für die Ziffern 0 bis 9.

Den Anschluß an IC-Bein 13 nennt der Fachmann ENABLE. Liegt dort ein *low*-Pegel, so kann der Zähler bei jedem Takt weiterzählen, liegt dort ein *high*-Pegel, so bleibt der Zähler bei der zuletzt angezeigten Zahl stehen, auch wenn weitere Taktimpulse folgen. Das englische Wort *enable* bedeutet übrigens ermöglichen.

Nach einem Durchlauf der zehn Ziffern (von null bis neun) beginnt der Johnson-Zähler automatisch wieder von vorne.

Ergebnis von Versuch 64:

Um den optischen Eindruck einer ausrollenden Roulett-Kugel zu bekommen, muß der Taktgeber immer langsamer werden und schließlich zufällig stehenbleiben. Dieser Zufall wird erreicht durch den Augenblick, in dem du die gedrückte Starttaste losläßt. Die folgende Zeichnung zeigt dir den Schaltplan für einen solchen **Roulett-Taktgeber**.

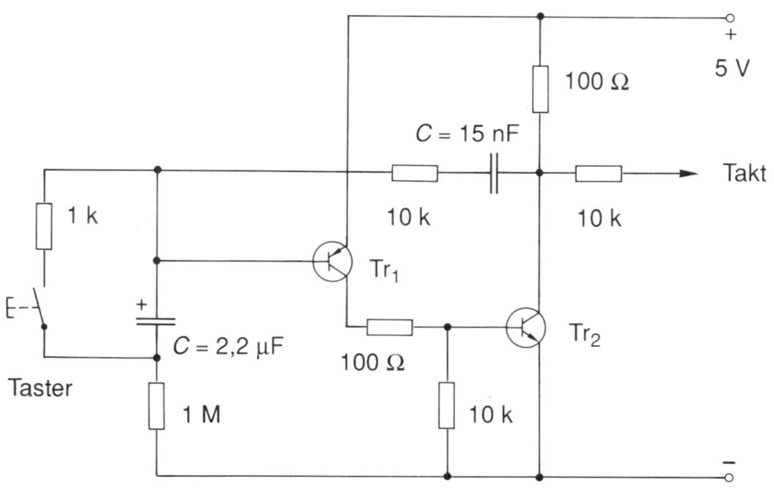

Beispiele für den pnp-Transistor 1:	BC 177, BC 178, BC 307, BC 308, BC 327, BC 328, BC 556, BC 557 oder ähnlich.
Beispiele für den npn-Transistor 2:	BC 107, BC 108, BC 237, BC 238, BC 337, BC 338, BC 547, BC 548 oder ähnlich.

Ergebnis von Versuch 65:

Die Ampelphasen sind: grün – gelb – rot – rot und gelb – grün – gelb – rot – rot und gelb ...

Nun sollen die roten und die grünen Phasen der Ampel jeweils 4 Takte dauern, die gelben Phasen einen Takt. Diese Bedingungen wurden gewählt, damit die Summe gerade 10 Takte ergibt, weil unser IC gerade so weit zählen kann. Nach jeweils 10 Takten wiederholen sich unsere Ampelphasen.

Zu den hier schraffierten Taktzeiten muß die entsprechende Lampe oder LED leuchten.

Farbe / **Takt**	**1**	**2**	**3**	**4**	**5**	**6**	**7**	**8**	**9**	**10**
rot						////	////	////	////	////
gelb					////					////
grün	////	////	////	////						

Erklärung der Schaltung:
Die Ausgänge 1 bis 4 des Johnson-Zählers gehen nicht zu vier verschiedenen Leuchtdioden, sondern immer zur grünen. Damit die Zählerausgänge untereinander nicht verbunden sind, liegen zwischen ihnen und der grünen LED einzelne Dioden, die bekanntlich den Strom nur in einer Richtung durchlassen. Sie leiten die 4 *high*-Signale der Zählerausgänge zur grünen LED.

Beim nächsten (5. Takt) ist der Zählerausgang nur mit der gelben LED verbunden. Anschließend (6. bis 9. Takt) laufen die Signale nur zur roten LED, ebenfalls durch Dioden voneinander getrennt.

Beim 10. Takt müssen die rote *und* gelbe LED gleichzeitig leuchten. Deshalb verteilen die Dioden das *high*-Signal von Ausgang 10 an die beiden Leuchtdioden.

Wenn du die Schaltung mit der prellfreien Taste getestet hast, kannst du anschließend auch den automatischen Taktgeber einsetzen. Über einen großen Zusatzkondensator lassen sich entsprechend langsame Takte erreichen. So hast du eine elektronische LED-Ampel, die z. B. gut zu Modelleisenbahnen paßt.

Ergebnis von Versuch 66:

Die meisten (preiswerten) Taschenrechner zeigen folgendes an: Die anfangs eingegebene Ziffer 8 rutscht mit jeder neu eingegebenen Ziffer 1 um eine Stelle weiter nach links. Die Ziffer 8 läßt sich nachträglich auch nicht mehr verändern. Ist sie bei diesem Verschieben in der letzten Stelle (links) auf der Anzeige angekommen, so reagiert der Rechner auf weitere Eingabe neuer Ziffern nicht mehr.

Gibst du in das Schieberegister IC 74 HC 164 einzelne Taktimpulse ein, so beginnt zunächst die erste LED zu leuchten, dann die zweite und mit jedem neuen Takt eine weitere. Schließlich leuchten alle 8 LEDs, und weitere Taktimpulse bleiben ohne Wirkung: Das Schieberegister ist voll.

Betätigst du einmal die UM-Taste (Beinchen 9 bekommt dadurch ein *low*-Signal), so gehen alle LEDs sofort aus. Der Inhalt des Schieberegisters wird komplett auf Null gesetzt (RESET). Beim Taschenrechner erreichst du das durch Drücken einer Taste, die meist mit C gekennzeichnet ist. Das **C** steht für *CLEAR*. Mit dieser Taste wird die Eingabe gelöscht.

Lösung V 67

Ergebnis von Versuch 67:

Jede einzelne Speicherstelle eines Schieberegisters besteht aus einem Flipflop, das entweder das Signal 0 oder 1 speichern kann. Beim nächsten Takt kippt dieses Flipflop jedoch nicht nur einfach zurück, sondern es gibt seinen Signalzustand an das folgende Flipflop weiter. Technisch wird dies realisiert mit **D-Flipflops**, wie du selbst eines im Versuch 29 kennengelernt hast.

Blättere noch einmal zurück, und erinnere dich an das Ergebnis des Versuchs: Das Signal am Vorbereitungseingang D (= *delay*) wurde erst dann an den Ausgang X übernommen, wenn du die Taste C (= *clock*) drücktest. Nun mußt du dir vorstellen, daß die Techniker den Ausgang Y (deiner Schaltung auf Seite 30) gar nicht benutzen, sondern nur den Ausgang X. Sie setzen mehrere solche D-Flipflops hintereinander und verbinden den Ausgang X eines jeden mit dem Vorbereitungseingang D des nächsten Flipflops. Nur die Steuereingänge C aller Flipflops sind direkt mit dem Taktgeber verbunden (Bild 1).

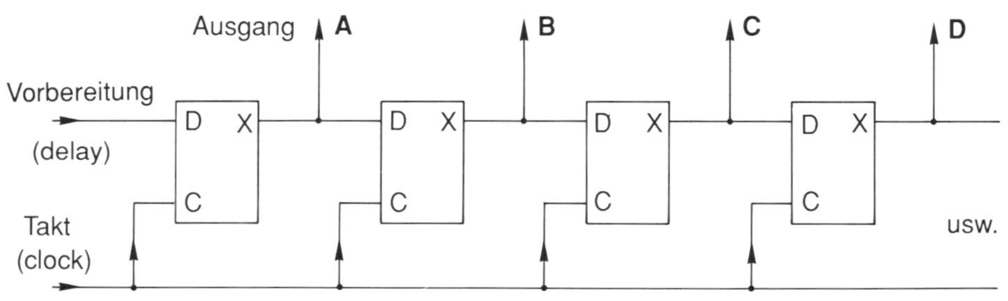

1

Bei jedem neuen Takt (C) übernimmt also das einzelne Flipflop den Zustand an seinem Vorbereitungseingang (D) und gibt ihn an das nächste Flipflop weiter. Die Verzögerung (= *delay*) kommt dadurch zustande, daß dieses Weitergeben immer erst dann erfolgt, wenn der Taktgeber ein *high*-Signal ausgibt. Bild 2 zeigt dir den zeitlichen Signalverlauf.

Hier wird *ein kurzes Signal*, das am Vorbereitungseingang D lag, vom Taktgeber durch das Register hindurchgeschoben. Im Register entspricht die Zeitdauer des Signals genau der Länge *eines* Steuertaktes.

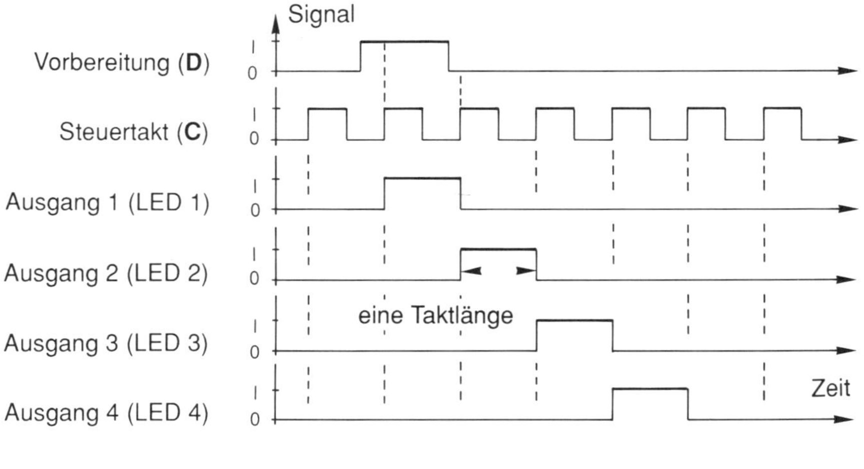

2

Jetzt wird *ein längeres Signal*, das am Vorbereitungseingang D lag, vom Taktgeber durch das Register hindurchgeschoben. Im Register entspricht die Zeitdauer des Signals genau der Länge von *drei* Steuertakten.

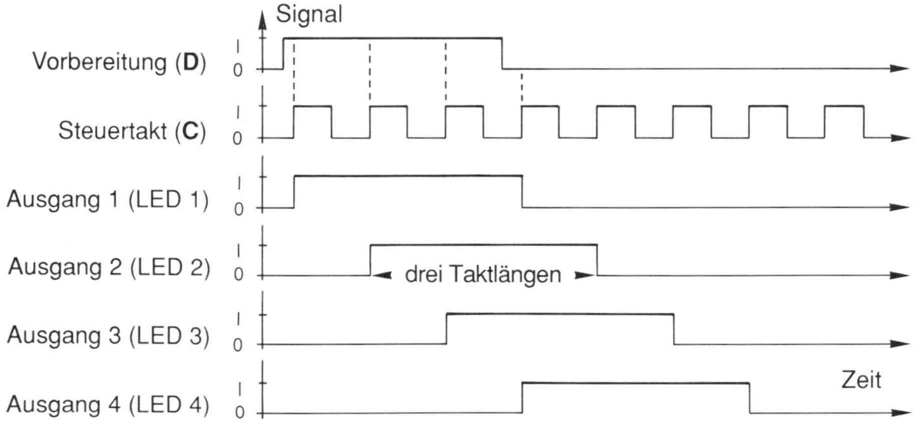

Bei deinem Schieberegister IC 74 HC 164 wird das Signal für den ersten Flipflop-Speicher über den Vorbereitungseingang D (= Beinchen 1) gesteuert.

Legt man nach der Eingabe des ersten *high*-Signals in das erste Flipflop des Registers den Vorbereitungseingang D (Bein 1) auf *low*-Pegel, so schiebt der nächste Takt dieses erste *high*-Signal in das zweite Flipflop. Gleichzeitig übernimmt der erste Speicher den neuen Zustand am Eingang D (inzwischen auf *low*-Pegel). Bei jedem weiteren Takt wird das ursprüngliche *high*-Signal ins nächstfolgende Register verschoben. Das entspricht genau dem Signalverlauf auf der vorigen Seite: Die 8 LEDs leuchten der Reihe nach auf. Am Ende wird das *high*-Signal aus dem 8. Speicher herausgeschoben, weil auch er den vorherigen Zustand des 7. Speichers (= *low*) übernimmt. Das Schieberegister ist dann wieder „leer", d.h. mit lauter „Nullen" gefüllt.

Schieberegister sitzen z. B. im Empfänger von Daten-Fernübertragungen. Die dualen Daten werden nämlich einzeln nacheinander (= **seriell**) übertragen, um Leitungen zu sparen.
Das Schieberegister sammelt nun sozusagen immer acht eingehende Daten (= ein Byte) und gibt sie nachher alle gleichzeitig (= **parallel**) an den Rechner zur Verarbeitung weiter.

Ergebnis von Versuch 68:

Das Signal der 4fachen Eingabe liegt am Vorbereitungseingang (Pin 1) des Schieberegisters. Drückst du die Taste nicht, so wird beim nächsten Takten ein *low*-Signal übernommen; das heißt, der Speicher 1 übernimmt die Information 0. Drückst du die Taste zur Vorbereitung, so übernimmt der erste Speicher beim nächsten Takt die Information 1.

Wenn du die 6 Schritte der Versuchsanweisung von Seite 61 exakt ausführst, dann leuchten anschließend die erste und dritte LED; also im Dualcode I 0 I.

Erfolgen weitere Taktsignale, so wird dieses Bitmuster I 0 I durch alle Speicher geschoben; das heißt, als nächstes leuchten die 2. und 4. LED, danach die 3. und 5. usw.

So kannst du z. B. auch jenes *drei Takte lange Signal* I I I durch das Register schieben, dessen zeitlicher Signalverlauf oben auf dieser Seite zu sehen ist.

Lösungen V 69 bis V 71

Ergebnis von Versuch 69:

Der Vorbereitungseingang (IC-Bein 1) für den ersten Speicher des Schieberegisters liegt, wenn du das gewünschte Bitmuster I 0 I bereits eingelesen hast, wieder auf *low*-Pegel. Deshalb wird bei jedem neuen Taktsignal eine 0 in den ersten Speicher übernommen und später weitergeschoben.

Wenn du nun in der Zwischenzeit diesen Vorbereitungseingang mit dem Ausgang des achten Speichers (IC-Bein 13) verbindest, so wird das Bitmuster beim Herausschieben des Signals aus diesem 8. Speicher sofort wieder in den ersten Speicher eingelesen. So kommt es dazu, daß dieses Muster immer wieder das Schieberegister durchläuft. Es ist ein **Ringregister** entstanden.

Ergebnis von Versuch 70:

Bei diesem Versuch liegt der Vorbereitungseingang (IC-Bein 1) ständig am *high*-Pegel. Mit jedem Takt wird also in den ersten Speicher die Information 1 eingelesen und anschließend weitergegeben (vergleiche Versuch 66). So entsteht der **Auffüll-Effekt**. Jetzt mußt du nur noch dafür sorgen, daß das volle Register nachher automatisch gelöscht wird. Diese Aufgabe übernimmt der Speicher Nr. 8. Wenn das erste eingeschobene *high*-Signal ihn erreicht, so wird dieses Signal von dem INVERTER umgekehrt in ein *low*-Signal. Kommt dieses Signal zum Reset-Anschluß an Beinchen 9, dann wird das ganze Register gelöscht: Alle 7 inzwischen leuchtenden LEDs gehen aus (= CLEAR). Während des achten Taktes leuchtet gar keine LED.

Ergebnis von Versuch 71:

Diesmal nutzt du wieder das Signal des 8. Speichers (Pin 13) für Steuerzwecke aus. Durch einen Trick wird der Vorbereitungseingang (Pin 1) nach 8 Takten immer abwechselnd *high* oder *low*. Wenn der Speicher 8 nämlich noch leer ist (= *low*-Pegel), liegt durch den INVERTER ein *high*-Signal am Vorbereitungseingang. Deshalb übernimmt das Schieberegister bei jedem Takt das Signal **I** in den ersten Speicher.

Erreicht das durchgeschobene Signal **I** den 8. Speicher, so springt der INVERTER um und legt den Vorbereitungseingang auf *low*-Pegel. Ab jetzt wird das Signal **0** eingelesen und weitergeschoben. Hier siehst du den Schaltungsaufbau:

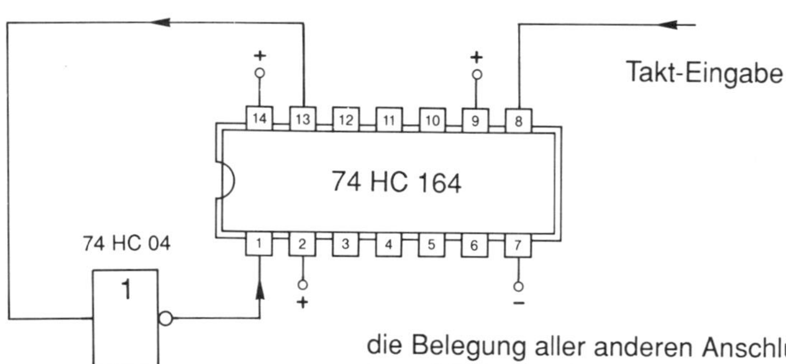

die Belegung aller anderen Anschlüsse ist auf Seite 60 abgebildet

Ergebnis von Versuch 72:

Die Additionsaufgaben für den Computer lauten: **I + I = I 0** und **I + I + I = I I**.
Bereits die Zahl zwei erfordert ja in der dualen Schreibweise eine zweite Stelle .
In unserem Zahlensystem ist diese zweite Stelle erst nach der Neun erforderlich.
Auch im Dezimalsystem gibt es Additionen mit und ohne Übertrag.

Beispiel *ohne* Übertrag:	Beispiel *mit* Übertrag:
232	478
+ 564	+ 549
	1 1
= 796	= 1027

Und so sieht die Wahrheitstabelle fürs Addieren dualer Zahlen aus:

A	B	Ü	Z
0	0	0	0
0	I	0	I
I	0	0	I
I	I	I	0

Ergebnis von Versuch 73:

Die ersten 5 LEDs zeigen das Ergebnis der Addition dual an – einschließlich des Übertrags.
Vergiß bei der Durchführung des Versuches bitte nicht, die 6. unbenutzte LED der Ausgabe mit Minus zu verbinden, damit sie nicht zufällig leuchtet.

Beispiele für die Addition von Dualzahlen mit Übertrag:

1. Summand	I I I I	I 0 I I
2. Summand	+ I 0 I	+ I I I I
die Summe	I 0 I 0 0	I I 0 I 0

Wahrheitstabelle für einen Volladdierer:

$Ü_{ein}$	A	B	$Ü_{aus}$	Z
0	0	0	0	0
0	0	I	0	I
0	I	0	0	I
0	I	I	I	0
I	0	0	0	I
I	0	I	I	0
I	I	0	I	0
I	I	I	I	I

addieren statt subtrahieren

a) Wenn du den Volladdierer aufgebaut hast, kannst du zwei Dualzahlen bis zur Größe I I I I addieren. Die größtmögliche Aufgabe wäre also dual I I I I + I I I I. In unserem Zehnersystem entspricht das der Aufgabe 15 + 15 = 30. Überprüfe im Experiment, ob die duale Anzeige dieses Ergebnis auch tatsächlich ausgibt.

b) Schreibe selbst weitere *Aufgaben mit dualen Zahlen* auf, deren Summanden kleiner sind als 15, rechne sie zunächst auf einem Zettel aus, und überprüfe sie anschließend im Experiment.

c) Drücke auf beiden Eingabe-Tastaturen jeweils die *gleiche* Taste (z. B. die erste) zunächst einzeln und danach auf beiden Tastaturen gleichzeitig. Wiederhole den Versuch mit den zweiten, dritten, vierten Tasten. Was fällt dir auf?
Die Erklärung für deine Beobachtung steckt in dieser Aufgabe: I + I = I 0. Begründe!

d) Im Zusatzversuch solltest du IC-Beinchen 7 an den *high*-Pegel legen. Damit wird bereits ein Übertrag in den Addierer gegeben. Du erkennst das daran, daß bereits die erste LED leuchtet, auch wenn du gar keine Taste drückst. Führe jetzt Additionen durch.

Ergänzung:

Vielleicht fragst du dich, wieso es zwar ICs als Volladdierer gibt, aber **keine** als **Subtrahierer.** Die Antwort ist ganz einfach: Man benutzt zum Subtrahieren ebenfalls den Addierer. Du meinst, das ginge doch wohl nicht? Dann paß mal gut auf.

Nehmen wir ein Beispiel mit Dezimalzahlen: 926 – 65 = 861
926 ist der Minuend und 65 der Subtrahend. 861 bezeichnet man als die Differenz.
Man sucht zuerst die nächsthöhere volle Dezimalstelle des Minuenden; für 926 wäre das die Zahl 1000. Jetzt bildet man das sogenannte **Komplement**; das heißt, man bildet die Differenz zwischen dieser neuen Zahl und dem Subtrahenden. Also: 1000 – 65 = 935. Diese Zahl 935 ist das Komplement. Nun **addiert** man das Komplement zu dem ursprünglichen Minuenden: 926 + 935 = 1861. Als letzten Schritt streicht man die Ziffer an der größten Stelle dieser Zahl einfach weg und erhält das Endergebnis. Bei 1861 entfällt also die 1 an der Tausenderstelle. Übrig bleibt als Endergebnis: 861. Überprüfe die Methode mit eigenen Aufgaben!
Vielleicht hast du bemerkt, warum das ganze funktioniert. Du rechnest nämlich bei dieser Methode: **926 – 65** = 926 + (1000 – 65) – 1000 = 926 + 935 – 1000 = 1861 – 1000 **= 861**.
Ziemlich umständlich – meinst du? Dann schau mal, wie das im Dualzahlen-System geht:

Du willst z. B. dezimal rechnen 11 – 5 = ? Dual ist das I 0 I I – I 0 I. Ordentlich hingeschrieben:

Minuend	**I 0 I I**	
Subtrahend	**0I 0I**	Das Komplement zu dieser Zahl bildet man mit einem ganz einfachen Trick: Man **invertiert** die Dualzahl, schreibt also für jede 0 eine I und jede I eine 0. So wird aus dem Subtrahenden 0 I 0 I jetzt I 0 I 0.
Invertieren zur Bildung des Komplements	↓ I 0 I 0	Dieses Komplement wird zum Minuenden **addiert.**
+	I	Anschließend wird noch eine einzige **I addiert**.
+ Minuend	I 0 I I	
Addition ergibt	I 0 I I 0	Die I an der höchsten Stelle wird weggestrichen (I) 0 I I 0.
Differenz:	**I I 0**	Diese Dualzahl entspricht der Dezimalzahl 6. Alles klar?

Das Wegstreichen der I in der höchsten Stelle der Dualzahl könnte ebenfalls ein INVERTER übernehmen, denn durch das Verändern des *high*-Signals in ein *low*-Signal wird ja aus dem Wert I eine 0.

Schau dir an folgendem Beispiel noch einmal an, daß bei der eben beschriebenen Subtraktionsmethode für duale Zahlen, die den (scheinbar umständlichen) Rechenweg über das Komplement benutzt, tatsächlich nur *addiert und invertiert* wird. Spezielle ICs zum Subtrahieren gibt es daher auch gar nicht zu kaufen.

ICs mit logischen Verknüpfungen vom Typ „INVERTER" und „Volladdierer" reichen zusammen mit Speichern und Schieberegistern zum Rechnen aus.

Minuend	**I 0 0 I 0 I**	*Rechenoperation:*
Subtrahend	**0 0 I 0 I 0**	
Invertieren des Subtrahenden zur Bildung des Komplements	↓ ↓ ↓ ↓ ↓ ↓	*invertieren*
	I I 0 I 0 I	
+	I	*addieren*
+ Minuend	I 0 0 I 0 I	
Addition ergibt	(I) 0 I I 0 I I	*höchste Stelle invertieren*
Differenz:	0 0 **I I 0 I I**	

Überprüfe die Subtraktion in dieser Aufgabe mit den zugehörigen dezimalen Zahlen!

Auf Seite 65 hast du bereits erfahren, wie sich das **Multiplizieren** dualer Zahlen mit Addierern und Schieberegistern verwirklichen läßt.

Dezimalzahl 47 =	Dualzahl A =	I 0 I I I I	
Dezimalzahl 18 =	Dualzahl B =	I 0 0 I 0	
			A um 4 Stellen nach links verschieben
Speicher C:	Dualzahl	I 0 I I I I **0 0 0 0**	
			A um 1 Stelle nach links verschieben
Speicher D:	Dualzahl	I 0 I I I I **0**	
Summe (als Dualzahl):		I I 0 I 0 0 I I I 0	C *und* D *addieren*
Das ist die **Dezimalzahl:**		**8 4 6**	

Die Multiplikation wird somit durch Addieren und Verschieben an andere Stellenwerte ausgeführt. Nun fehlt von den Grundrechenarten nur noch das **Dividieren** mit Hilfe der Dualzahlen. Es soll hier nicht mehr ausführlich erklärt werden. Nur so viel: Die Division wird zurückgeführt auf mehrfaches *Subtrahieren*, bis kein Rest mehr bleibt. Und natürlich funktioniert dieses Subtrahieren wieder mit INVERTERN und Addierern (wie oben beschrieben).
Letztlich braucht also ein Computer von allen Rechenoperationen wirklich nur das *Addieren* zu beherrschen, genau wie dein IC 74 HC 283.

Lösung V 74

Ergebnis von Versuch 74:

Schreiben: Über die IC-Anschlüsse 15, 1, 2 und 3 werden die Daten des zu speichernden „Wortes" eingeschrieben. *Data input* nennt der Fachmann diese Eingänge.

Mit einer 4fachen Eingabe-Tastatur gibst du die Daten ein. Drückst du z. B. auf gar keine Tasten, so lautet das eingegebene 4-Bit-Wort: 0 0 0 0. Drückst du die Tasten B und C: 0 1 1 0. Die gewünschte Speicheradresse, in die geschrieben werden soll, wird über die IC-Beinchen 13 und 14 angesteuert *(write address input)*.

Übernehmen: Das Wort wird nicht automatisch in den Speicher übernommen, vielmehr muß dazu ein *low*-Signal an Bein 12 gelegt werden *(write enable input)*.

Lesen: Die Auswahl der Adresse zum Auslesen der eingeschriebenen Daten aus den Speichern erfolgt über die IC-Beinchen 4 und 5 *(read address input)*.

Ausgeben: Möchte man den Speicherinhalt lesen, muß an IC-Bein 11 ein *low*-Signal liegen *(read enable input)*. Bei der Schaltung auf Seite 66 liegt Pin 11 ständig an Minus, es kann somit dauernd gelesen werden. Legst du nach dem Einschreiben Pin 11 an *high*-Pegel, so ist kein Lesen möglich, obwohl die Speicheradressen weiter belegt bleiben.

Wenn du in diesem Zustand den Strom zwischen Batterie oder Trafo und dem Schaltungsaufbau mißt, so wirst du mit einem sehr empfindlichen, digitalen Amperemeter feststellen, daß ein ganz schwacher Strom (etwa 0,03 mA) fließt. Er ist notwendig, damit der Speicherinhalt erhalten bleibt. Der Strom verändert sich auch nicht, wenn du in alle 4 Adressen als Signal eine 0 einschreibst. Computer „vergessen" bei Stromausfall ihre in RAMs eingespeicherten Daten! Um das zu verhindern, stecken in vielen Computern Pufferbatterien oder Kondensatoren, die kurze Störungen überbrücken können. Auch einige deiner Platinen haben durch aufgesetzte Kondensatoren solchen Schutz. Deshalb bleibt bei deinen Versuchen der Speicherinhalt auch bei Stromausfall noch erhalten.

Wenn du jedoch nach Abklemmen der Versorgungsspannung mit einem Kurzschlußdraht den Plus- und Minuspol der Platinen verbindest und damit diese Kondensatoren leerst, dann vergessen die Speicheradressen die hineingeschriebenen Signale recht schnell.

Außer RAMs besitzen Computer noch **ROMs** *(**r**ead **o**nly **m**emory)*. Das sind Speicher, die von dir nicht beschrieben werden können. Sie wurden bereits im Herstellerwerk beschrieben. Ihr Inhalt soll nicht verändert werden können und bleibt auch bei Stromausfall erhalten. In solchen ROMs stecken z. B. das Betriebssystem, die Tastatur-Codierung und andere Anweisungen, die der Computer nicht vergessen darf.

Der Fachmann unterscheidet dann noch, ob es sich um einen bei der IC-Herstellung fest programmierten Speicher handelt (**PROM**) oder ein **EPROM** *(= **e**rasable **p**rogammable **r**ead **o**nly **m**emory)*. Solche Speicher können vom einzelnen Computer-Hersteller nach Belieben neu programmiert werden, und man kann sie mit einem Trick sogar wieder löschen: nämlich durch Beleuchten mit ultraviolettem Licht. Sie haben dazu in ihrem Gehäuse oben ein kleines Fenster, das normalerweise lichtdicht zugeklebt ist. Schau in deinem Computer da lieber nicht drunter!

Damit bist du am Ende des zweiten Heftchens der Reihe „technik für dich" angelangt. Nun weißt du mehr über die Hardware von Computern als viele, die sie täglich benutzen. Du hast in eigenen Experimenten erforscht, wie ihre digitalen ICs entscheiden, speichern und rechnen. Ich hoffe, daß dir alle Versuche gelungen sind und damit auch Spaß gemacht haben.